《2022年全国科技成果统计年度报告》编委会

前 言

2022年，全国科技成果统计工作涉及31个省（区、市）和新疆生产建设兵团、9个计划单列市和副省级城市，以及33个国务院有关部门、行业协会与中央企业等，共登记科技成果84 324项。

《2022年全国科技成果统计年度报告》由科技成果总量、科技成果分类、科技成果区域分布、应用技术成果转化应用情况、科技成果完成单位及完成人，以及附录共6个部分构成。本报告重点对应用技术成果的资金支持方式和完成主体类型进行了分析。资金支持方式方面，分别对财政资金和非财政资金支持的应用技术成果的转化方式、转移途径、转化收入、应用效果、奖励和报酬情况、政府支持情况及本单位转化政策支持情况进行了分析；完成主体类型方面，分别对大专院校和独立科研机构、企业的应用技术成果应用状态、转化方式、转移转化效益及技术转让与许可收入进行了分析。本报告力争从不同角度展示2022年度全国登记科技成果的特征和趋势，反映我国大专院校、独立科研机构、企业及其科研人员的科技创新成绩，以及科技成果转化应用情况，为科技管理决策提供支撑服务。

本报告在编写过程中得到了各地方、各部门科技管理机构的大力支持，在此表示衷心感谢！

编写组

二〇二三年五月

目 录

第一部分 科技成果总量

第二部分 科技成果分类

第三部分　科技成果区域分布

第四部分　应用技术成果转化应用情况

第五部分　科技成果完成单位及完成人

第六部分　附　录

第一部分

科技成果总量

2022 年，全国科技成果登记工作稳步开展，全年登记科技成果总量持续增加。全国 74 家科技成果登记机构，覆盖国务院有关管理部门、地方科技管理部门、行业协会及中央企业，共登记科技成果 84 324 项，涉及成果完成人 540 821 人次，科技成果经费累计投入 9830.64 亿元。登记科技成果质量逐年提升，登记的科技成果共产出 187 139 项知识产权，其中，已授权专利 130 879 项，制定技术标准 826 项。

一、全国登记科技成果总量

2022 年，全国登记科技成果总量有所增长，全年共登记科技成果 84 324 项，同比增长 7.21%；应用技术成果较上年有所增长，基础理论成果和软科学成果较上年有不同程度的减少（表 1–1）。

表 1–1　2021—2022 年全国登记科技成果数量

科技成果类型	登记数量（项）		
	2021 年	2022 年	增幅
基础理论成果	8791	8250	–6.15%
应用技术成果	68 199	74 438	9.15%
软科学成果	1665	1636	–1.74%
合计	78 655	84 324	7.21%

2018—2022 年，全国登记科技成果总量整体呈平稳上升态势，年均增幅为 6.43%（图 1–1）。

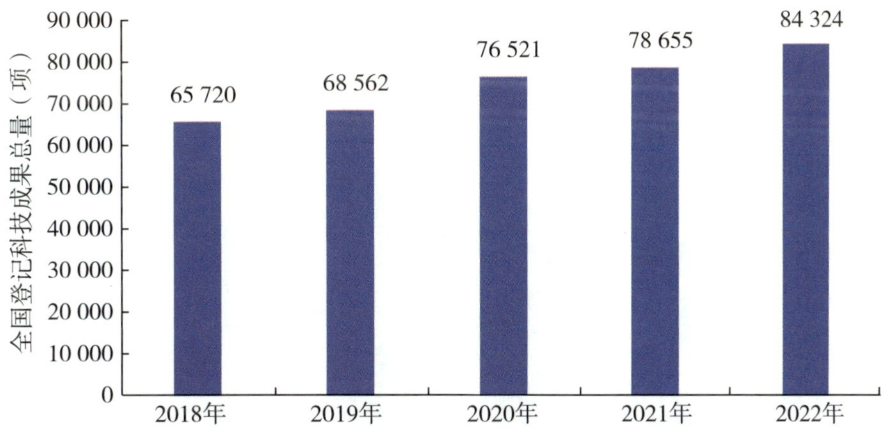

图 1–1　2018—2022 年全国登记科技成果情况

二、地方登记科技成果总量

2022 年，地方登记科技成果共 76 996 项，占全国登记科技成果总量的 91.31%，同比增长 8.68%。安徽省、浙江省、广西壮族自治区等地方登记科技成果数量居各地前列（表 1–2）。

表 1–2　2022 年地方登记科技成果数量排名

排名	地方	登记数量（项）	排名	地方	登记数量（项）
1	安徽省	23 049	17	北京市	1139
2	浙江省	7065	18	黑龙江省	1100
3	广西壮族自治区	6715	19	湖南省	1086
4	陕西省	3505	20	江苏省	888
5	山东省	3075	21	宁夏回族自治区	802
6	四川省	2754	22	上海市	751
7	广东省	2601	23	青海省	547
8	河北省	2432	24	新疆维吾尔自治区	490
9	河南省	2409	25	云南省	447
10	湖北省	2247	26	吉林省	350
11	重庆市	1918	27	贵州省	193
12	甘肃省	1851	28	海南省	169
13	江西省	1705	29	福建省	146
14	天津市	1703	30	新疆生产建设兵团	100
15	山西省	1339	31	辽宁省	24
16	内蒙古自治区	1148	32	西藏自治区	5

注：未包括计划单列市、副省级城市数据。

2018—2022 年，地方登记科技成果总量呈逐年增长趋势，2022 年相比于 2018 年增长了 42.93%（图 1–2）。

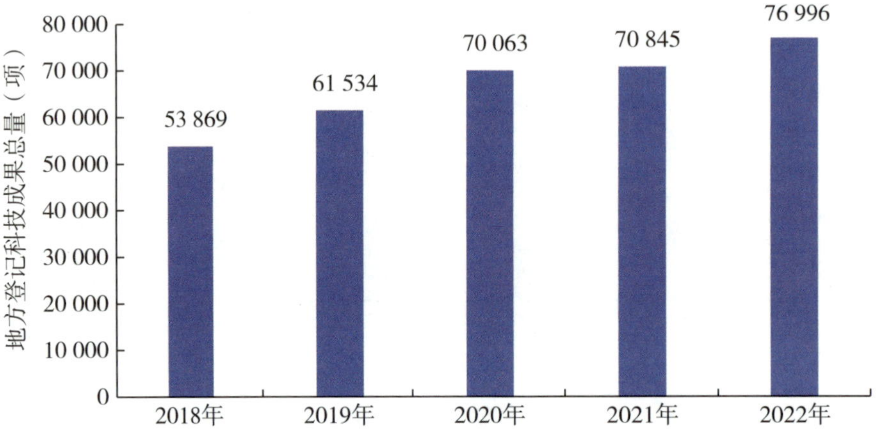

图 1–2　2018—2022 年地方登记科技成果情况

三、部门登记科技成果总量

2022 年，国务院有关部门、行业协会、中央企业登记科技成果总量为 7328 项（2021 年为 7810 项），同比减少 6.17%，占全国登记科技成果总量的 8.69%。中国石油天然气集团有限公司、中国科学院、自然资源部等部门登记科技成果数量居各部门前列（表 1–3）。

表 1–3　2022 年部门登记科技成果数量排名

排名	部门	登记数量（项）	排名	部门	登记数量（项）
1	中国石油天然气集团有限公司	1533	18	工业和信息化部	54
2	中国科学院	1066	19	国家粮食和物资储备局	50
3	自然资源部	821	20	中国民用航空局	39
4	中国气象局	717	21	中国中钢集团有限公司	38
5	中国电机工程学会	466	22	中国机械工业联合会	37
6	公安部	279	23	中华全国供销合作总社	37
7	国家市场监督管理总局	269	24	国家烟草专卖局	36
8	国家中医药管理局	267	25	农业农村部	32
9	中国人民银行	243	26	中国农学会	32
10	海关总署	223	27	中国节能协会	30
11	中国轻工业联合会	211	28	中华环保联合会	27
12	中国石油化工集团有限公司	201	29	中国地震局	19
13	中国建筑集团有限公司	168	30	生态环境部	12
14	中国有色金属工业协会	160	31	中国电器工业协会	5
15	应急管理部	93	32	中国光学工程学会	4
16	交通运输部	70	33	亚太建设科技信息研究院有限公司	1
17	中国中化控股有限责任公司	58			

2018—2022 年，部门登记科技成果总量有所波动，继 2019 年、2020 年下降，2021 年出现回升后，2022 年再次下降（图 1–3）。

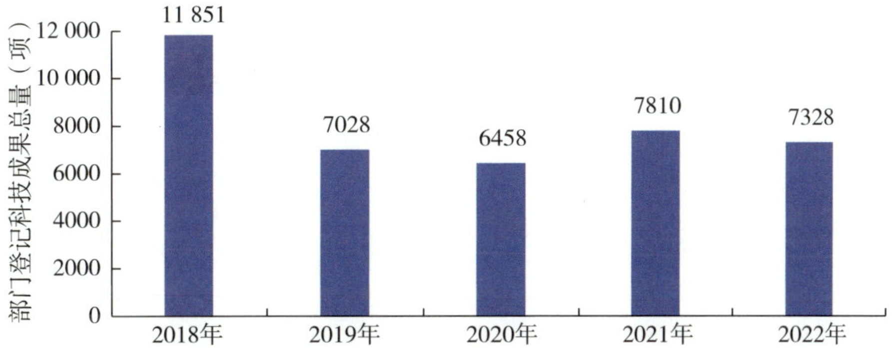

图 1–3　2018—2022 年部门登记科技成果情况

四、知识产权产出

全国登记科技成果质量逐年提升。2022 年，84 324 项登记科技成果共产出知识产权 187 139 项，同比增长 41.74%。其中，已授权专利 130 879 项，同比增长 25.07%（表 1–4）。

表 1–4　2021—2022 年全国登记科技成果知识产权产出情况

知识产权类型	数量（项）		
	2021 年	2022 年	增幅
发明专利	62 966	107 180	70.22%
实用新型专利	45 275	52 662	16.32%
外观设计专利	1848	2339	26.57%
软件著作权	12 488	16 487	32.02%
其他	9457	8471	–10.43%
合计	132 034	187 139	41.74%
其中：已授权专利	104 641	130 879	25.07%

从知识产权类型看，发明专利和实用新型专利为主要类型，2022 年分别占知识产权产出总量的 57.27% 和 28.14%（图 1–4）。发明专利数量显著增加，同比增长 70.22%。

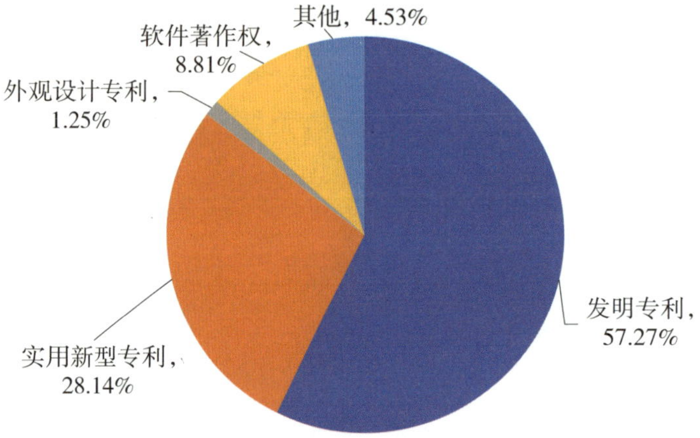

图 1–4　2022 年全国登记科技成果知识产权产出类型分布

五、技术标准产出

技术标准的构成保持稳定。2022 年，全国登记的 74 438 项应用技术成果中，属于技术标准制定的有 826 项，较上年略有减少，技术标准的构成比例较上年有所不同，但结构整体稳定。其中，地方技术标准最为突出，占比为 43.95%；企业技术标准占比为 20.10%；国际技术标准占比最低，为 1.09%（图 1–5）。

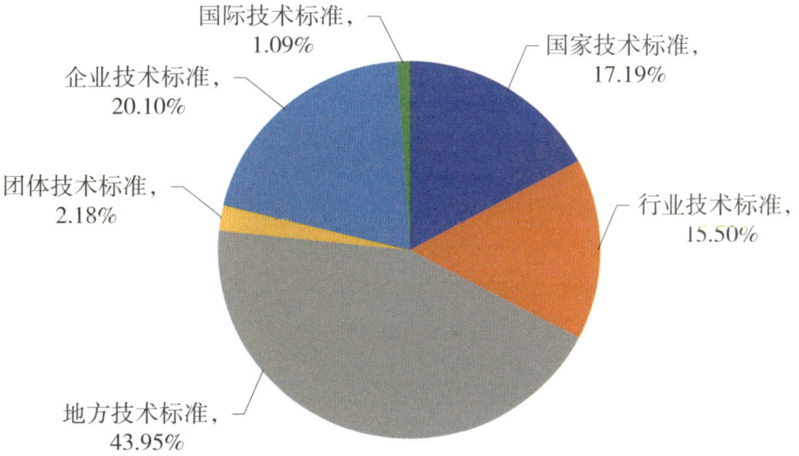

图 1–5　2022 年全国登记应用技术成果技术标准产出类型分布

第二部分

科技成果分类

一、类型分布

全国登记科技成果类型分布较为稳定。2022 年，共登记应用技术成果 74 438 项，占全国登记科技成果总量的 88.28%；登记基础理论成果 8250 项，占全国登记科技成果总量的 9.78%；登记软科学成果 1636 项，占全国登记科技成果总量的 1.94%（图 2–1）。

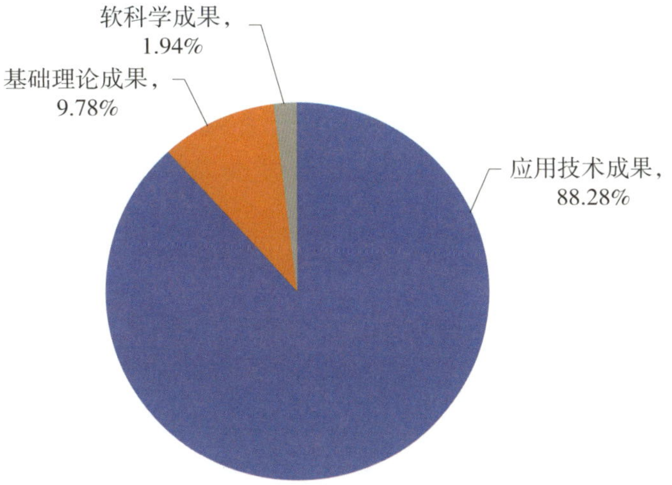

图 2–1　2022 年全国登记科技成果类型分布

二、课题来源

1. 总体情况

2022 年，全国登记科技成果的课题来源以非财政支持为主。各类科技成果中，来自国家科技计划、部门计划、地方计划、部门基金及地方基金等财政支持的科技成果 33 482 项，占全国登记科技成果总量的 39.71%；来自民间基金、国际合作、横向委托、自选及其他非财政支持的科技成果 50 842 项，占比为 60.29%，明显高于来自财政支持的科技成果数量。

2022 年，自选课题的登记科技成果数量居首位。各类科技成果课题来源中，自选课题登记科技成果数量远高于其他课题来源，占全国登记科技成果总量的 53.35%；其次为地方计划，登记数量占全国登记科技成果总量的 21.99%；国家科技计划和部门计划占比分别为 7.41% 和 6.20%（图 2–2）。

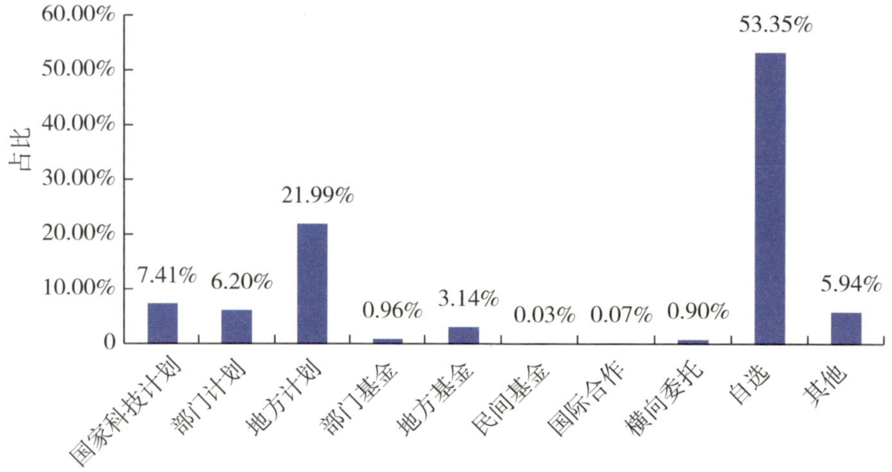

图 2–2　2022 年全国登记科技成果课题来源构成

2. 应用技术成果课题来源

2022 年，全国登记应用技术成果主要来自自选课题。全国登记应用技术成果来自自选课题的比例为 61.38%；地方计划占比为 20.66%；国家科技计划、部门计划分别占 4.78% 和 3.84%（图 2–3）。

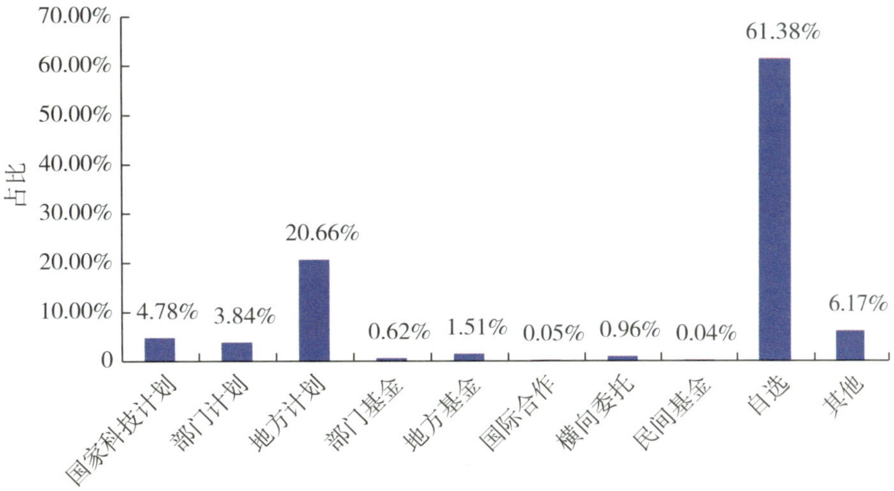

图 2-3　2022 年全国登记应用技术成果课题来源构成

3. 基础理论成果课题来源

2022 年，全国登记基础理论成果的课题来源仍以各类计划（包括国家科技计划、部门计划和地方计划）为主，占比总和达到 69.02%。其中，来自地方计划的科技成果占比达到 33.46%，来自国家科技计划的科技成果占比达到 32.26%（图 2-4）。

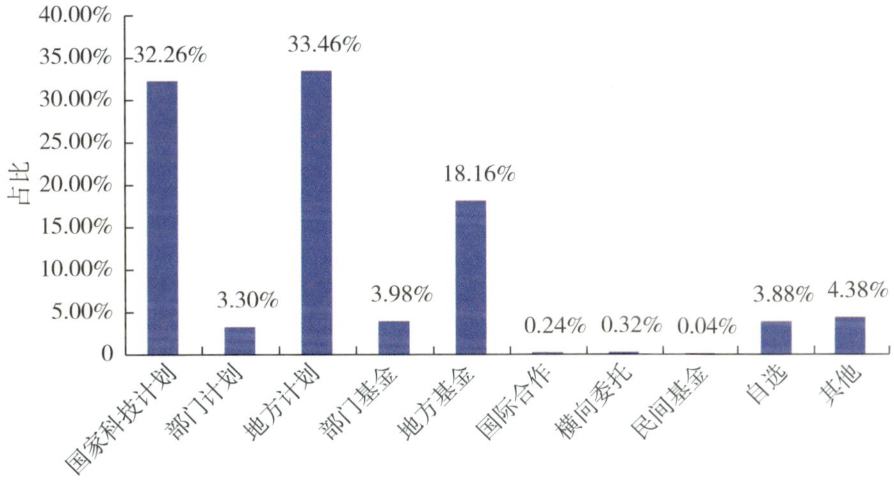

图 2-4　2022 年全国登记基础理论成果课题来源构成

4. 软科学成果课题来源

2022 年，从各个地方和部门上报到国家科技成果库的软科学成果统计看，来自各类计划（包括国家科技计划、部门计划和地方计划）的科技成果合计占全国登记软科学成果总量的 70.53%，较上年有所增加。来自地方资助（地方计划和地方基金）的科技成果占 53.44%；来自部门资助（部门计划和部门基金）的科技成果占 17.85%（图 2–5）。

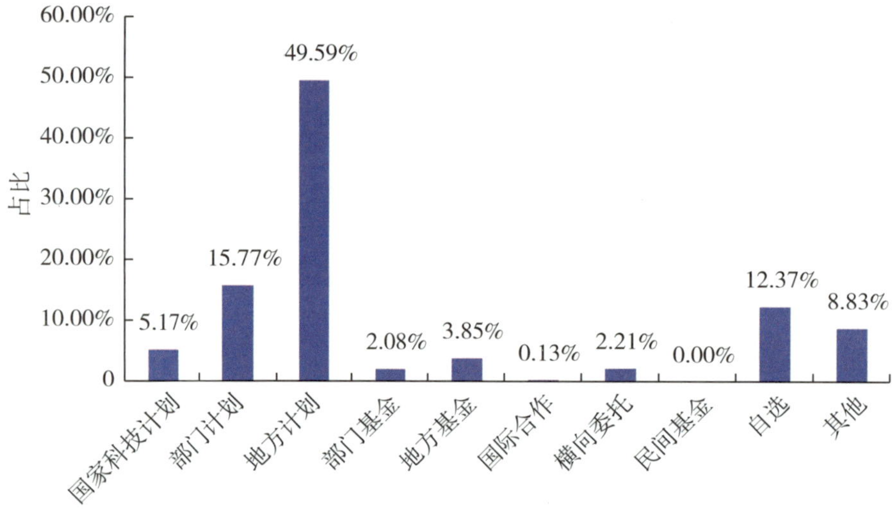

图 2–5　2022 年全国登记软科学成果课题来源构成

三、评价方式

1. 总体情况

2022 年，全国登记科技成果评价方式以机构评价和验收为主。以机构评价方式完成的科技成果占比为 32.35%；以验收方式完成的科技成果占比达到 30.10%；以知识产权授权方式完成的科技成果数量为 14 132 项，较上年明显增加，占比达到 16.76%，增幅达到 11.61%（图 2-6、表 2-1）。

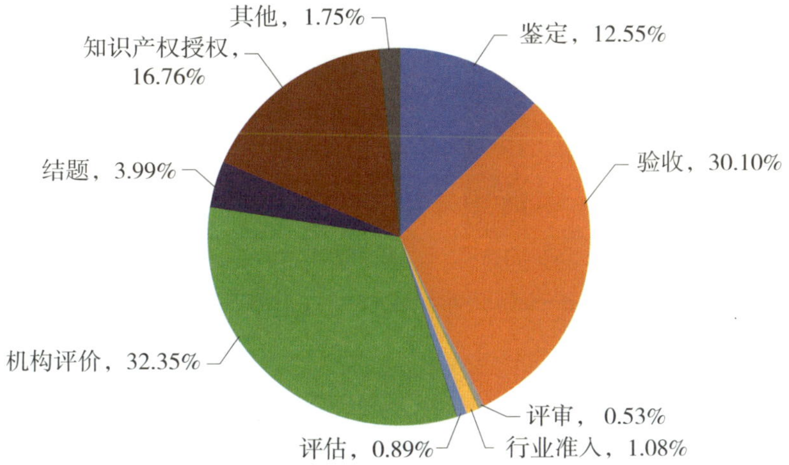

图 2-6　2022 年全国登记科技成果评价方式分布

表 2-1　2021—2022 年全国登记科技成果评价方式统计情况

科技成果评价方式	成果数（项）		
	2021 年	2022 年	增幅
鉴定	10 300	10 585	2.77%
验收	27 107	25 379	-6.37%
评审	674	445	-33.98%
行业准入	1069	912	-14.69%
评估	501	750	49.70%
结题	4017	3365	-16.23%
机构评价	22 325	27 278	22.19%
知识产权授权	12 662	14 132	11.61%
其他	0	1478	—

注：知识产权授权是指依法获得专利、软件著作权、植物新品种登记、集成电路布图设计等知识产权。

2018—2022 年，全国登记科技成果评价方式构成发生重大转变，机构评价逐渐成为主流方式。2022 年，通过机构评价方式登记的科技成果占比最大，达到 32.35%；通过验收方式登记的科技成果占比从 2018 年的 41.06% 减少到 30.10%；通过知识产权授权方式登记的科技成果占比增长到 16.76%。由于鉴定工作逐步取消，通过鉴定方式登记的科技成果占比从 2018 年的 18.92% 降至 2022 年的 12.55%（图 2–7）。

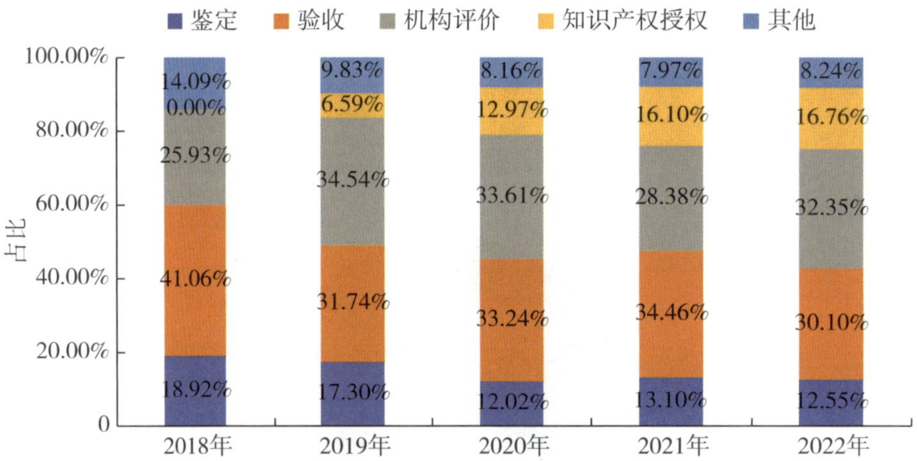

图 2–7　2018—2022 年全国登记科技成果评价方式构成

2. 应用技术成果评价方式

2022 年，全国登记应用技术成果以机构评价、验收为主要评价方式，占比分别为 37.04% 和 25.73%。知识产权授权方式占比为 19.50%，较上年增加了 0.31 个百分点；鉴定方式占比为 14.62%，较上年减少了 1.00 个百分点（图 2–8）。

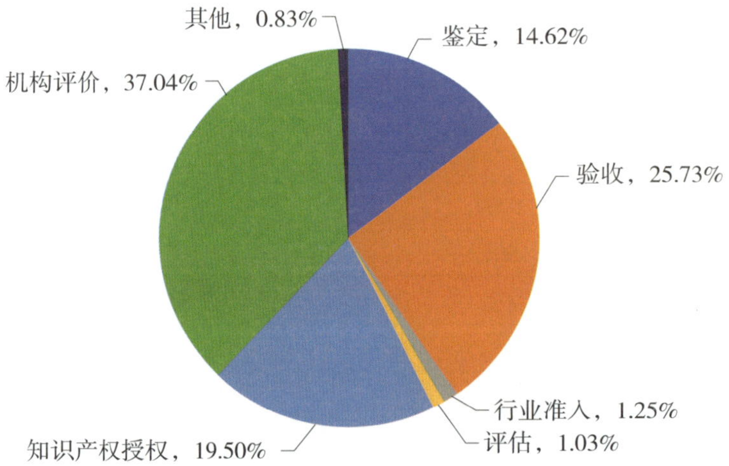

图 2–8　2022 年全国登记应用技术成果评价方式分布

3. 基础理论成果评价方式

2022 年，验收、结题为全国登记基础理论成果的主要评价方式。验收方式占比为 44.19%，较上年减少了 2.22 个百分点；结题方式占比为 38.37%；评审方式和机构评价方式所占比例偏低，分别为 3.95% 和 3.66%（图 2–9）。

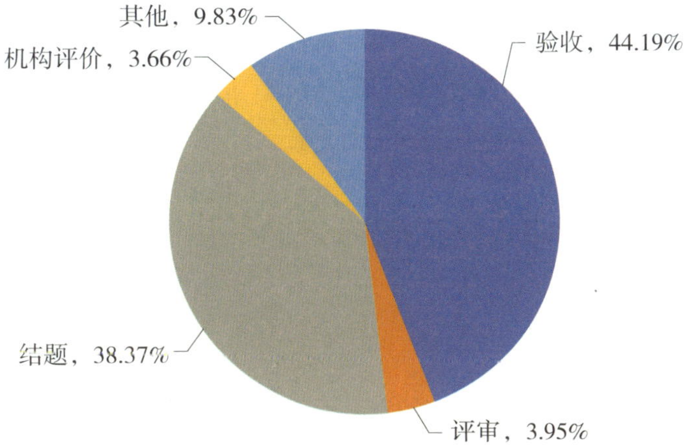

图 2–9 2022 年全国登记基础理论成果评价方式分布

4. 软科学成果评价方式

2022 年，全国登记软科学成果评价方式以验收为主，占比为 67.07%，较上年增加了 6.17 个百分点；其次为结题方式，占比为 10.73%，较上年减少了 4.98 个百分点；机构评价和评审方式占比均为 7.19%，较上年分别减少了 1.30 个百分点和 7.72 个百分点（图 2–10）。

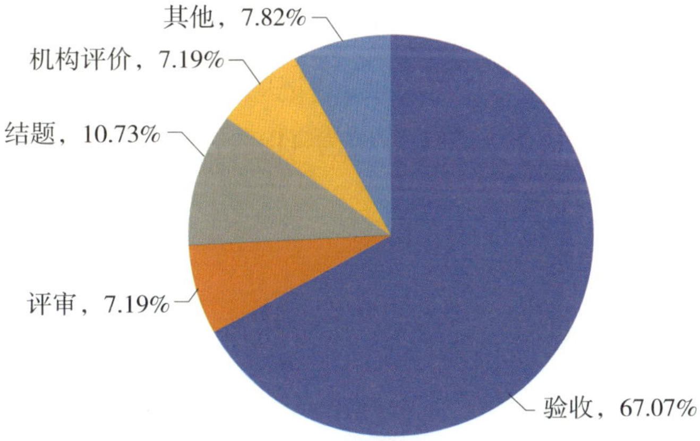

图 2–10 2022 年全国登记软科学成果评价方式分布

四、行业分布

1. 总体情况

2022 年，地方登记科技成果主要应用于第二产业。按应用产业分类统计，第一产业（农、林、牧、渔业）占 13.53%；第二产业（采矿业，制造业，电力、热力、燃气及水的生产和供应业，建筑业）占 53.64%；第三产业（除第一、第二产业外的其他行业）的占比达到 32.84%（图 2–11）。

2022 年，部门登记科技成果主要应用于第三产业，占比为 72.53%（图 2–11）。

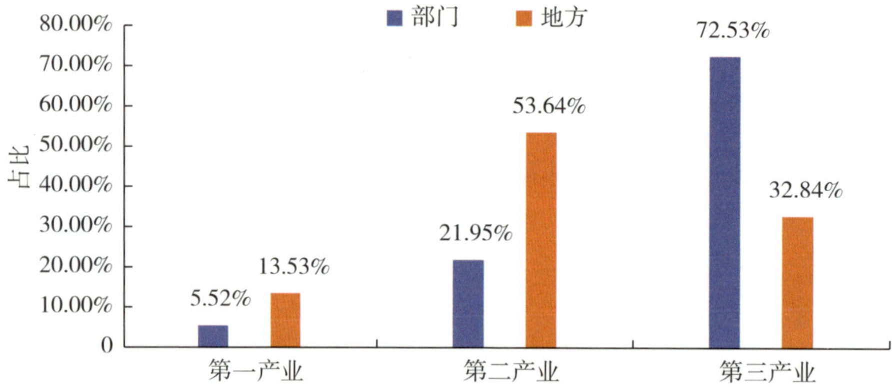

图 2–11　2022 年部门和地方登记科技成果所属产业分布

2. 应用技术成果分布

从应用技术成果的行业分布看，2022 年全国登记应用技术成果主要集中在制造业，农、林、牧、渔业，卫生和社会工作 3 个行业，占比分别为 41.05%、12.89% 和 9.17%（表 2–2）。

表 2-2　2022 年全国登记应用技术成果行业分布

应用行业	成果数（项）	占比
农、林、牧、渔业	9593	12.89%
采矿业	1507	2.02%
制造业	30 556	41.05%
电力、热力、燃气及水的生产和供应业	2578	3.46%
建筑业	3402	4.57%
批发和零售业	270	0.36%
交通运输、仓储和邮政业	1823	2.45%
住宿和餐饮业	130	0.17%
信息传输、软件和信息技术服务业	6666	8.96%
金融业	263	0.35%
房地产业	79	0.11%
租赁和商务服务业	48	0.06%
科学研究和技术服务业	6700	9.00%
水利、环境和公共设施管理业	2528	3.40%
居民服务、修理和其他服务业	262	0.35%
教育	225	0.30%
卫生和社会工作	6826	9.17%
文化、体育和娱乐业	286	0.38%
公共管理、社会保障和社会组织	686	0.92%
国际组织	10	0.01%
合计	74 438	100.00%

从应用技术成果的产业分布看，2022 年第一产业有 9593 项，占 12.89%；第二产业有 38 043 项，占 51.11%；第三产业有 26 802 项，占 36.01%（图 2-12）。

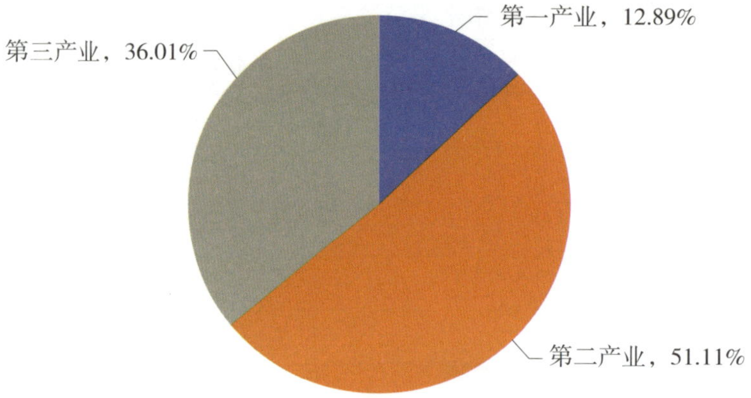

图 2-12　2022 年全国登记应用技术成果产业分布

从应用技术成果的社会领域和经济领域分布看，2022 年地方登记应用技术成果在社会领域和经济领域的占比分别为 20.23% 和 79.77%，明显聚焦在经济领域，且所占比例与 2021 年基本相同（图 2-13）。

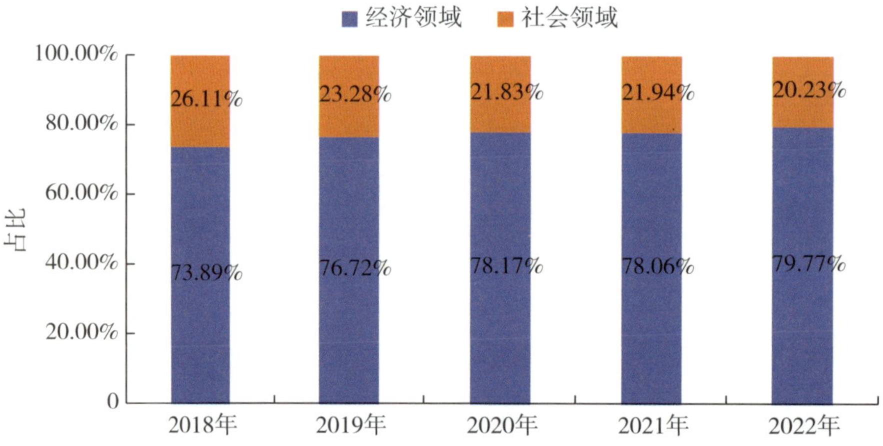

图 2-13　2018—2022 年地方登记应用技术成果社会、经济领域分布

3. 基础理论成果分布

2022 年，登记到国家科技成果库的基础理论成果主要应用于卫生和社会工作，科学研究和技术服务业，农、林、牧、渔业 3 个行业，占比分别为 34.86%、31.33% 和 13.61%（表 2-3）。

表 2-3 2022 年基础理论成果行业分布

应用行业	成果数（项）	占比
农、林、牧、渔业	1123	13.61%
采矿业	97	1.18%
制造业	332	4.02%
电力、热力、燃气及水的生产和供应业	124	1.50%
建筑业	102	1.24%
交通运输、仓储和邮政业	79	0.96%
批发和零售业	6	0.07%
金融业	21	0.25%
房地产业	1	0.01%
信息传输、软件和信息技术服务业	346	4.19%
住宿和餐饮业	1	0.01%
租赁和商务服务业	18	0.22%
科学研究和技术服务业	2584	31.33%
水利、环境和公共设施管理业	315	3.82%
居民服务、修理和其他服务业	6	0.07%
教育	147	1.78%
卫生和社会工作	2876	34.86%
文化、体育和娱乐业	28	0.34%
公共管理、社会保障和社会组织	42	0.51%
国际组织	1	0.01%
合计	8249	100.00%

注：数据来源于 2022 年度登记到国家科技成果库的基础理论成果。

按产业分布进行统计，2022 年基础理论成果主要分布在第三产业，占比为 78.45%；第二产业占比较低，仅为 7.94%（图 2-14）。

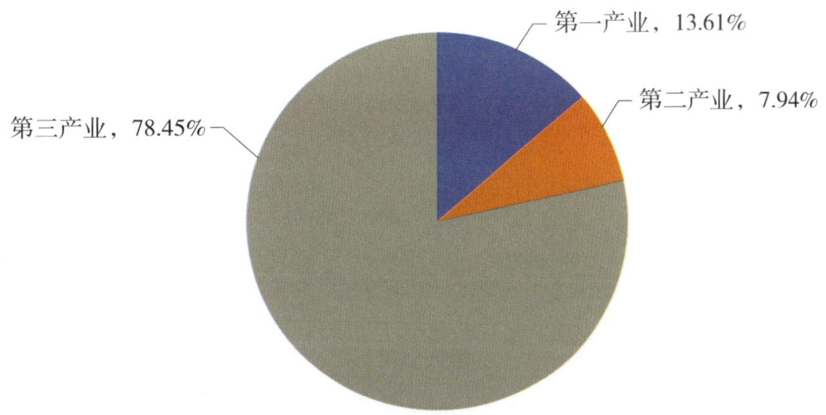

图 2-14 2022 年基础理论成果产业分布

4. 软科学成果分布

2022 年，登记到国家科技成果库的软科学成果主要应用于科学研究和技术服务业，卫生和社会工作，水利、环境和公共设施管理业 3 个行业，占比分别为 30.16%、13.63% 和 9.40%（表 2-4）。

表 2-4　2022 年软科学成果行业分布

应用行业	成果数（项）	占比
农、林、牧、渔业	129	8.14%
采矿业	100	6.31%
制造业	70	4.42%
电力、热力、燃气及水的生产和供应业	14	0.88%
建筑业	28	1.77%
批发和零售业	37	2.33%
交通运输、仓储和邮政业	5	0.32%
金融业	30	1.89%
房地产业	7	0.44%
信息传输、软件和信息技术服务业	66	4.16%
住宿和餐饮业	0	0.00%
租赁和商务服务业	9	0.57%
科学研究和技术服务业	478	30.16%
水利、环境和公共设施管理业	149	9.40%
居民服务、修理和其他服务业	5	0.32%
教育	66	4.16%
卫生和社会工作	216	13.63%
文化、体育和娱乐业	27	1.70%
公共管理、社会保障和社会组织	146	9.21%
国际组织	3	0.19%
合计	1585	100.00%

注：数据来源于 2022 年度登记到国家科技成果库的软科学成果。

按产业分布进行统计，2022 年软科学成果主要分布在第三产业，占比为 78.49%；第一产业和第二产业占比分别为 8.14% 和 13.38%（图 2-15）。

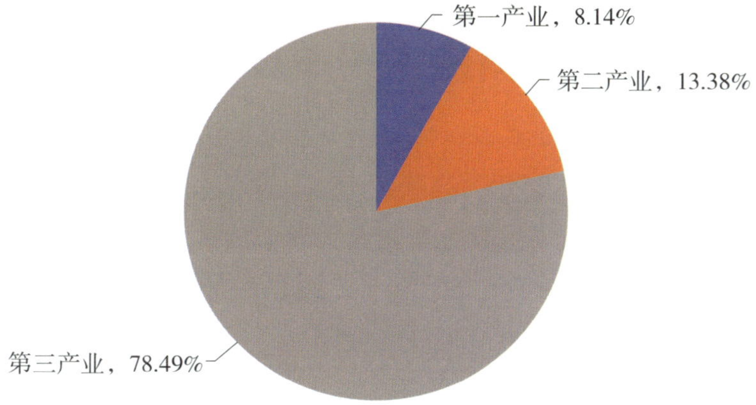

图 2-15　2022 年软科学成果产业分布

五、高新技术领域成果分布

2022 年，全国登记应用技术成果中，高新技术领域应用技术成果达到 50 244 项，占应用技术成果总量的 67.50%。应用技术成果主要分布在五大高新技术领域，依次是先进制造（27.45%）、电子信息（16.75%）、新材料（14.07%）、现代农业（12.61%）和生物医药与医疗器械（11.61%）。五大领域应用技术成果占高新技术领域应用技术成果总量的 82.49%（图 2-16）。

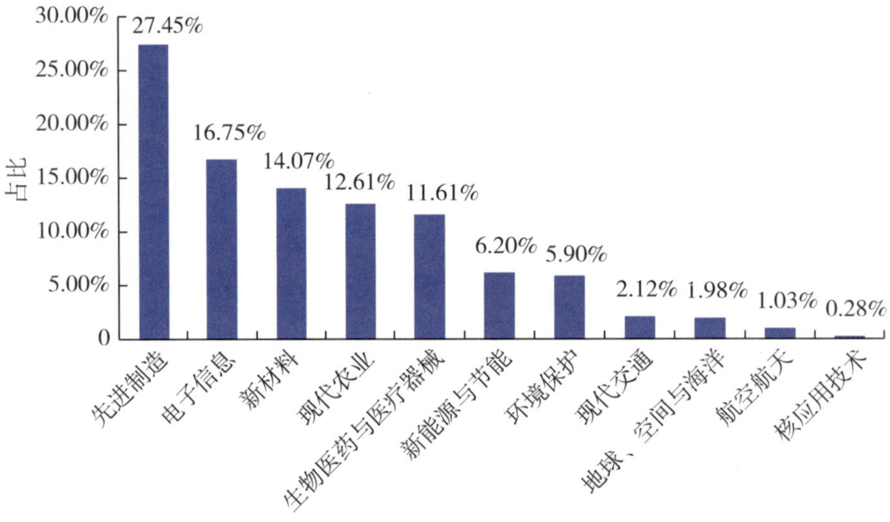

图 2-16　2022 年全国登记应用技术成果高新技术领域分布

2022 年，全国登记高新技术成果中，自然、生态、环境领域的应用技术成果占 25.69%；非自然、生态、环境领域的应用技术成果占 74.31%，与上年相比呈上升趋势（附表 10）。

第三部分

科技成果区域分布

一、总体区域分布

按东、中、西部地区划分，3 个地区登记的科技成果数量均进一步增长。2022 年，东部地区科技成果产出较上年小幅上升，登记科技成果 23 026 项，同比增长 3.51%，占地方登记科技成果总量的 29.91%；中部地区登记科技成果 33 307 项，同比增长 14.97%，占地方登记科技成果总量的 43.26%；西部地区登记科技成果 20 663 项，同比增长 5.26%，占地方登记科技成果总量的 26.84%（表 3–1、图 3–1）。

表 3–1　2021—2022 年地方登记科技成果地区分布

地区	成果数（项）		
	2021 年	2022 年	增幅
东部地区	22 245	23 026	3.51%
中部地区	28 970	33 307	14.97%
西部地区	19 630	20 663	5.26%

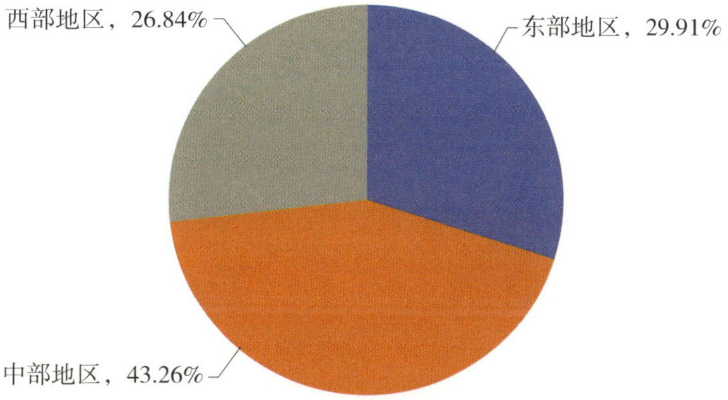

图 3–1　2022 年地方登记科技成果地区分布

按主要经济地带划分，京津冀地区和长三角地区实现登记科技成果数量的增长。2022 年，京津冀地区登记科技成果 5274 项，同比增长 6.27%；长三角地区登记科技成果 9604 项，同比增长 3.84%；珠三角地区和东北地区出现下降（表 3–2）。

表 3–2　2021—2022 年地方登记科技成果主要经济地带分布

主要经济地带	成果数（项）		
	2021 年	2022 年	增幅
京津冀地区	4963	5274	6.27%
长三角地区	9249	9604	3.84%
珠三角地区	3702	3505	–5.32%
东北地区	2846	1732	–39.14%

二、东部地区

2022 年，东部地区参与登记的地方共有 17 个，登记科技成果 23 026 项。其中，登记科技成果数量排名前三的分别是浙江省、山东省和广东省，登记科技成果分别为 7065 项、3075 项和 2601 项。

1. 成果来源构成

2022 年，东部地区登记的科技成果中，课题来源仍以各级财政支持的各类计划（包括国家科技计划、部门计划和地方计划）为主，占比为 55.16%。其中，由地方计划资助的科技成果登记数量占东部地区登记科技成果总量的 38.31%，远高于国家科技计划和部门计划资助的科技成果占比。民间基金和国际合作资助的科技成果登记数量明显减少，减幅分别为 52.94% 和 38.46%（表 3–3、图 3–2）。

表 3–3　2021—2022 年东部地区登记科技成果课题来源

课题来源	成果数（项）		
	2021 年	2022 年	增幅
国家科技计划	1907	2431	27.48%
部门计划	1383	1448	4.70%
地方计划	8631	8822	2.21%
部门基金	247	320	29.55%
地方基金	1150	1090	–5.22%
民间基金	17	8	–52.94%
国际合作	26	16	–38.46%
横向委托	213	267	25.35%
自选	5370	5933	10.48%
其他	3301	2691	–18.48%
合计	22 245	23 026	3.51%

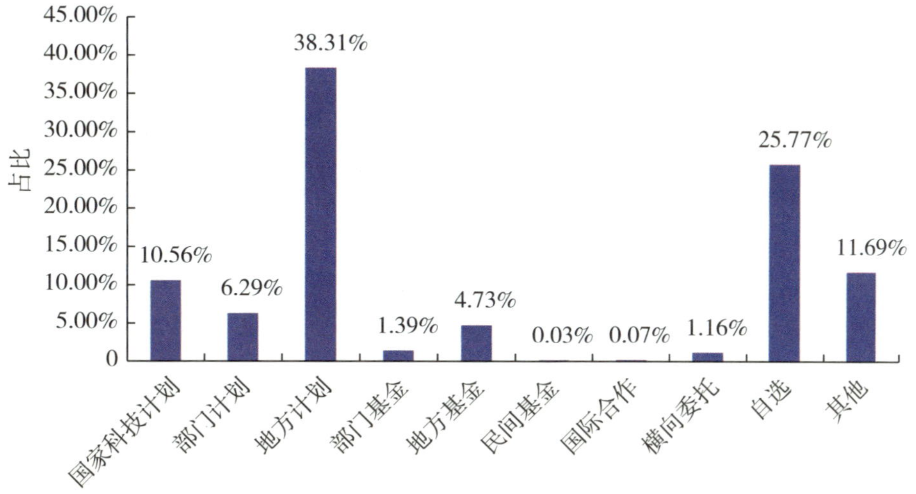

图 3-2　2022 年东部地区登记科技成果课题来源构成

2. 高新技术领域分布

2022 年，东部地区共登记高新技术领域科技成果 14 838 项，同比增长 7.07%（表 3-4）。

表 3-4　2021—2022 年东部地区登记高新技术领域科技成果数量

高新技术领域		成果数（项）		
		2021 年	2022 年	增幅
自然、生态、环境领域	生物医药与医疗器械	2271	2114	-6.91%
	新能源与节能	866	960	10.85%
	环境保护	791	852	7.71%
	地球、空间与海洋	400	447	11.75%
非自然、生态、环境领域	电子信息	1479	1636	10.62%
	先进制造	3589	3903	8.75%
	航空航天	43	111	158.14%
	现代交通	316	353	11.71%
	新材料	2620	3134	19.62%
	核应用技术	29	53	82.76%
	现代农业	1454	1275	-12.31%
合计		13 858	14 838	7.07%

2022 年，从技术领域分布看，东部地区先进制造领域登记科技成果数量最多，占比为 26.30%；其次是新材料领域和生物医药与医疗器械领域，登记科技成果数量占比分别为 21.12% 和 14.25%（图 3-3）。

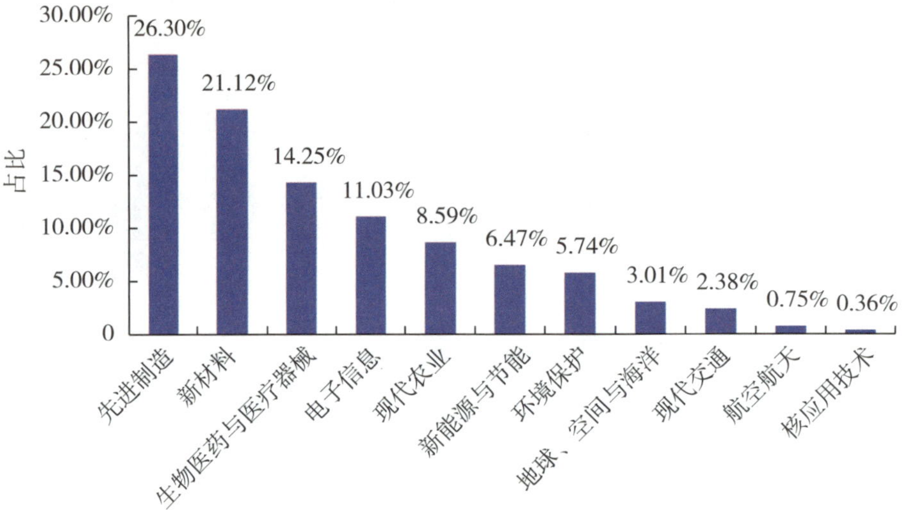

图 3-3　2022 年东部地区登记科技成果高新技术领域分布

2022 年，东部地区登记的高新技术成果中，非自然、生态、环境领域科技成果占比为 70.53%，较上年增长 1.76 个百分点（附表 8）。

3. 应用技术成果转化应用状态

2022 年，东部地区登记的应用技术成果中，产业化应用的占比最高，为 56.91%，小批量或小范围应用的占比为 27.87%，试用的占比为 9.33%，未应用的占比为 5.72%（图 3-4）。

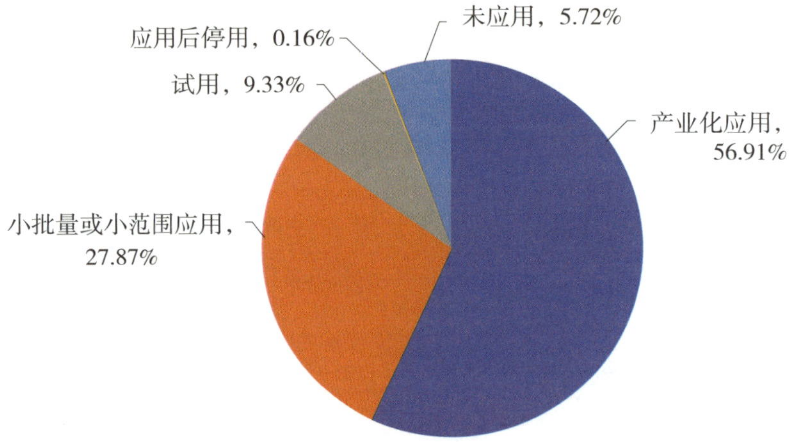

图 3-4　2022 年东部地区登记应用技术成果应用状态

通过对东部地区登记应用技术成果的应用效果抽样分析，2022 年 19 340 项科技成果中，落后技术、工艺、装备的替代的占比为 38.75%，较上年减少了 0.23 个百分点；填补国内空白的占比为 27.75%；进口替代的占比仅为 8.33%（图 3-5）。

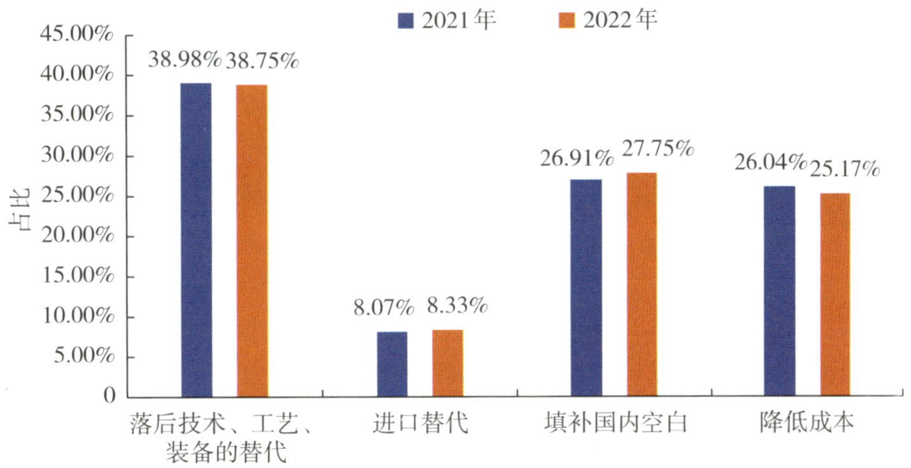

图 3-5　2021—2022 年东部地区登记应用技术成果应用效果

三、中部地区

2022 年，中部地区参与登记的地方共有 10 个，登记科技成果 33 307 项。其中，登记科技成果数量排名前三的分别是安徽省、河南省和湖北省，分别为 23 049 项、2409 项和 2247 项。

1. 成果来源构成

2022 年，中部地区登记的科技成果课题来源以自选课题为主，登记数量为 27 584 项，占比高达 82.82%；财政支持的各类计划（包括国家科技计划、部门计划和地方计划）资助的科技成果登记数量共 3953 项，占比为 11.87%，其中，地方计划资助的科技成果登记数量为 2567 项，占比为 7.71%，居第 2 位；部门基金、地方基金、民间基金、国际合作、横向委托和其他课题来源资助的科技成果登记数量为 1770 项，仅占 5.31%，其中，由民间基金资助的科技成果登记数量明显减少，减幅为 72.22%（表 3–5、图 3–6）。

表 3–5　2021—2022 年中部地区登记科技成果课题来源

课题来源	成果数（项）		
	2021 年	2022 年	增幅
国家科技计划	976	861	–11.78%
部门计划	545	525	–3.67%
地方计划	2758	2567	–6.93%
部门基金	165	137	–16.97%
地方基金	865	832	–3.82%
民间基金	36	10	–72.22%
国际合作	21	19	–9.52%
横向委托	169	183	8.28%
自选	21 978	27 584	25.51%
其他	1457	589	–59.57%
合计	**28 970**	**33 307**	**14.97%**

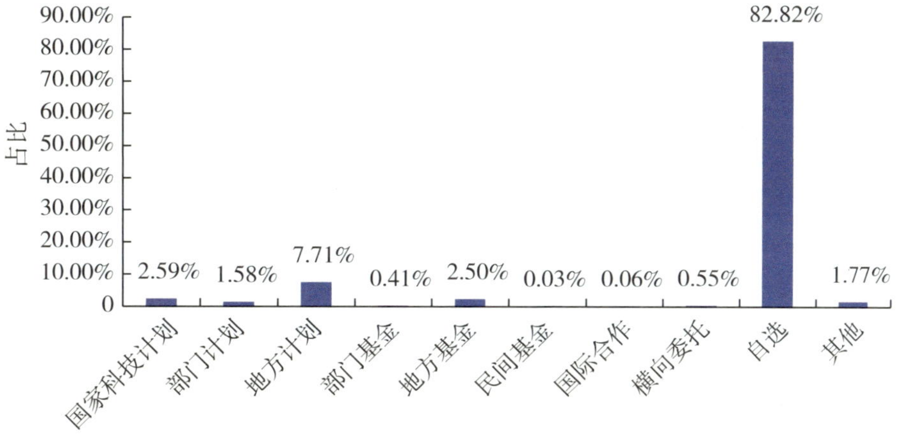

图 3-6　2022 年中部地区登记科技成果课题来源构成

2. 高新技术领域分布

2022 年，中部地区共登记高新技术领域科技成果 19 671 项，同比增长 16.89%。从技术领域分布看，中部地区仍以先进制造领域登记科技成果数量最多，同比增长 23.31%，占比为 34.97%；其次是电子信息领域，登记科技成果数量同比增长 16.07%，占比为 18.69%（表 3-6、图 3-7）。

表 3-6　2021—2022 年中部地区登记高新技术领域科技成果数量

高新技术领域		成果数（项）		
		2021 年	2022 年	增幅
自然、生态、环境领域	生物医药与医疗器械	1850	1727	-6.65%
	新能源与节能	656	1151	75.46%
	环境保护	713	984	38.01%
	地球、空间与海洋	138	144	4.35%
非自然、生态、环境领域	电子信息	3167	3676	16.07%
	先进制造	5578	6878	23.31%
	航空航天	115	188	63.48%
	现代交通	289	352	21.80%
	新材料	2334	2734	17.14%
	核应用技术	13	23	76.92%
	现代农业	1975	1814	-8.15%
合计		16 828	19 671	16.89%

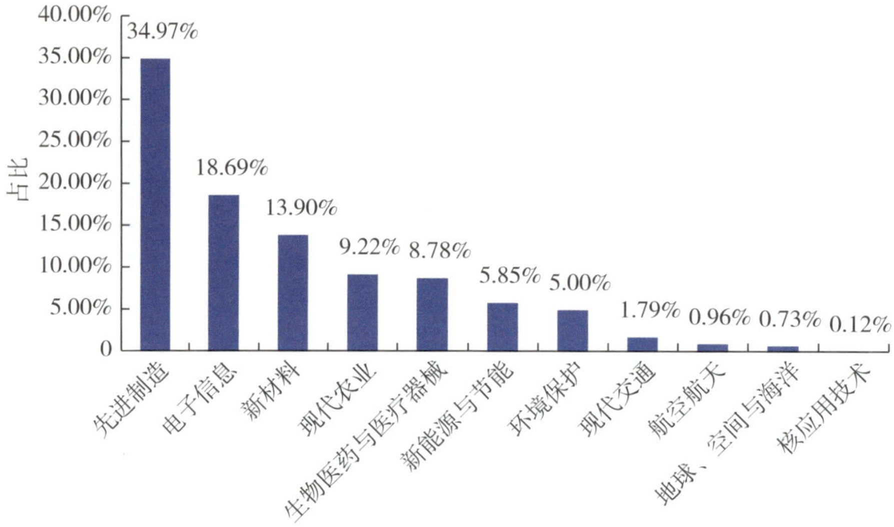

图 3-7　2022 年中部地区登记科技成果高新技术领域分布

2022 年，中部地区登记的高新技术成果中，非自然、生态、环境领域科技成果占比为 79.63%，比上年减少 0.43 个百分点（附表 8）。

3. 应用技术成果转化应用状态

2022 年，中部地区登记的应用技术成果中，产业化应用的占比为 43.03%，小批量或小范围应用的占比为 30.24%，未应用的占比为 16.14%，试用的占比为 10.32%（图 3-8）。

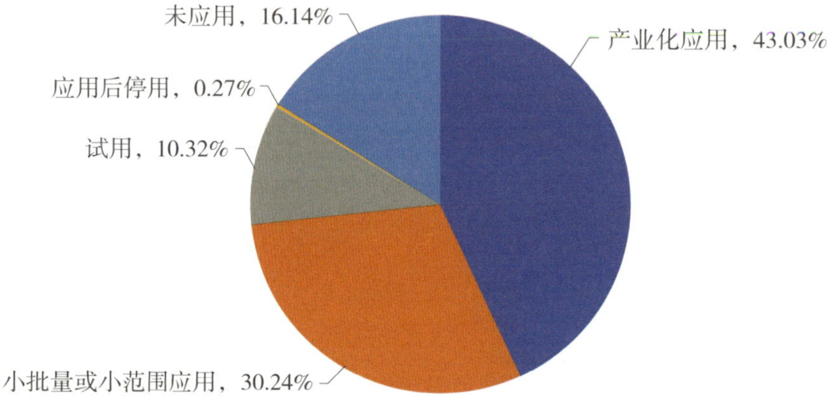

图 3-8　2022 年中部地区登记应用技术成果应用状态

通过对中部地区登记应用技术成果的应用效果抽样分析，2022 年 31 705 项科技成果中，落后技术、工艺、装备的替代的占比为 64.89%，较上年增加 0.33 个百分点（图 3-9）。

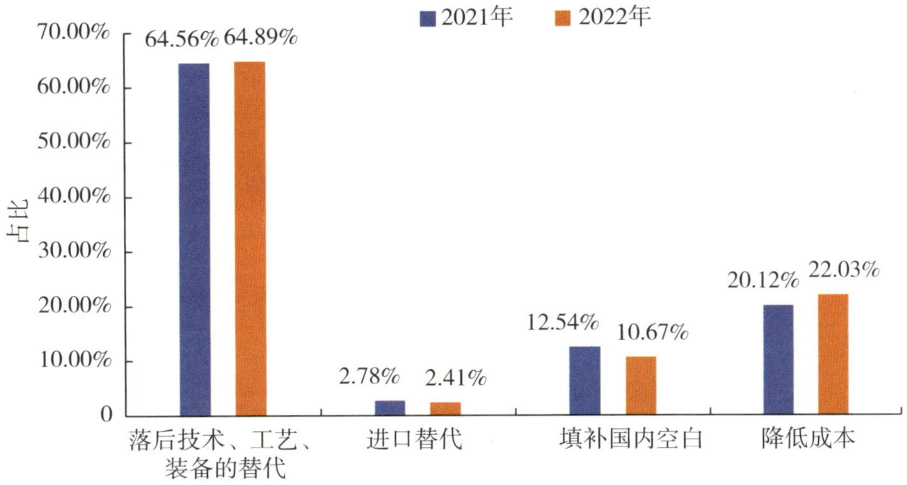

图 3-9 2021—2022 年中部地区登记应用技术成果应用效果

四、西部地区

2022 年，西部地区参与登记的地方共有 14 个，登记科技成果 20 663 项。其中，登记科技成果数量排名前三的分别是广西壮族自治区、陕西省和四川省，分别为 6715 项、3505 项和 2754 项。

1. 成果来源构成

2022 年，西部地区登记的科技成果课题来源中自选课题居首位，登记数量为 10 279 项，占比为 49.75%，同比增长 9.99%。财政支持的各类计划（包括国家科技计划、部门计划和地方计划）资助的科技成果登记数量约占四成，其中，地方计划资助的科技成果登记数量为 6661 项，占比为 32.24%，同比增长 3.77%（表 3–7、图 3–10）。

表 3–7　2021—2022 年西部地区登记科技成果课题来源

课题来源	成果数（项）		
	2021 年	2022 年	增幅
国家科技计划	1569	1442	–8.09%
部门计划	551	637	15.61%
地方计划	6419	6661	3.77%
部门基金	119	262	120.17%
地方基金	618	586	–5.18%
民间基金	13	10	–23.08%
国际合作	13	16	23.08%
横向委托	114	121	6.14%
自选	9345	10 279	9.99%
其他	869	649	–25.32%
合计	**19 630**	**20 663**	**5.26%**

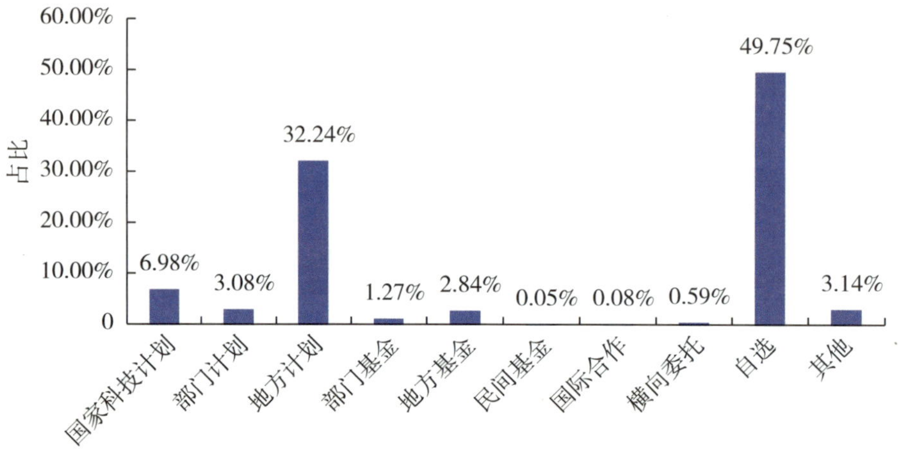

图 3–10　2022 年西部地区登记科技成果课题来源构成

2. 高新技术领域分布

2022 年，西部地区共登记高新技术领域科技成果 13 923 项，同比增长 21.04%。各类高新技术领域登记的科技成果数量较上一年有增有减。其中，航空航天领域登记科技成果数量增幅居首位，同比增长 109.78%。从技术领域分布看，现代农业领域登记科技成果数量最多，为 3150 项，占比为 22.62%；先进制造领域和电子信息领域登记科技成果数量居第 2 位和第 3 位，占比分别为 20.02% 和 19.13%（表 3–8、图 3–11）。

表 3–8　2021—2022 年西部地区登记高新技术领域科技成果数量

高新技术领域		成果数（项）		
		2021 年	2022 年	增幅
自然、生态、环境领域	生物医药与医疗器械	1729	1909	10.41%
	新能源与节能	544	712	30.88%
	环境保护	692	912	31.79%
	地球、空间与海洋	164	208	26.83%
非自然、生态、环境领域	电子信息	2711	2663	–1.77%
	先进制造	1647	2787	69.22%
	航空航天	92	193	109.78%
	现代交通	226	288	27.43%
	新材料	832	1069	28.49%
	核应用技术	48	32	–33.33%
	现代农业	2818	3150	11.78%
合计		11 503	13 923	21.04%

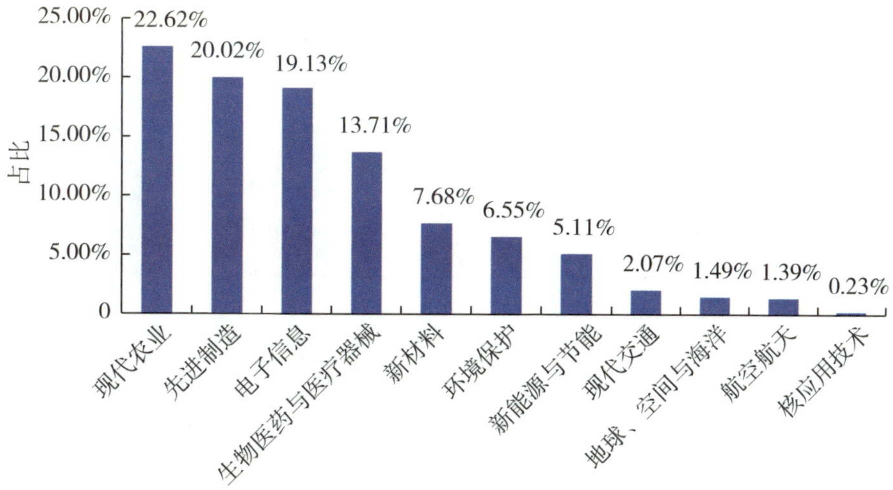

图 3–11　2022 年西部地区登记科技成果高新技术领域分布

2022 年，西部地区登记的高新技术成果中，非自然、生态、环境领域科技成果占比为 73.13%，较上年增加 0.33 个百分点（附表 8）。

3. 应用技术成果转化应用状态

2022 年，西部地区登记的应用技术成果中，小批量或小范围应用的占比最高，为 41.90%，产业化应用的占比为 32.66%，试用的占比为 12.82%，未应用的占比为 12.52%（图 3-12）。

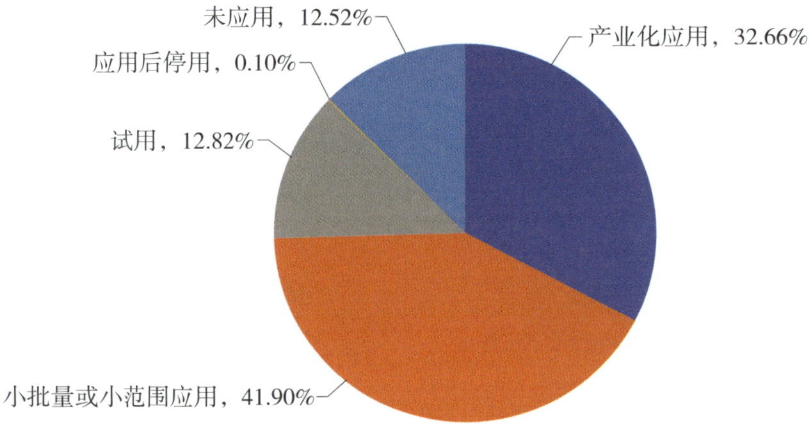

图 3-12 2022 年西部地区登记应用技术成果应用状态

通过对西部地区登记应用技术成果的应用效果抽样分析，2022 年 17 449 项科技成果中，落后技术、工艺、装备的替代的占比为 42.37%，较上年增加 2.66 个百分点；降低成本的占比为 31.71%（图 3-13）。

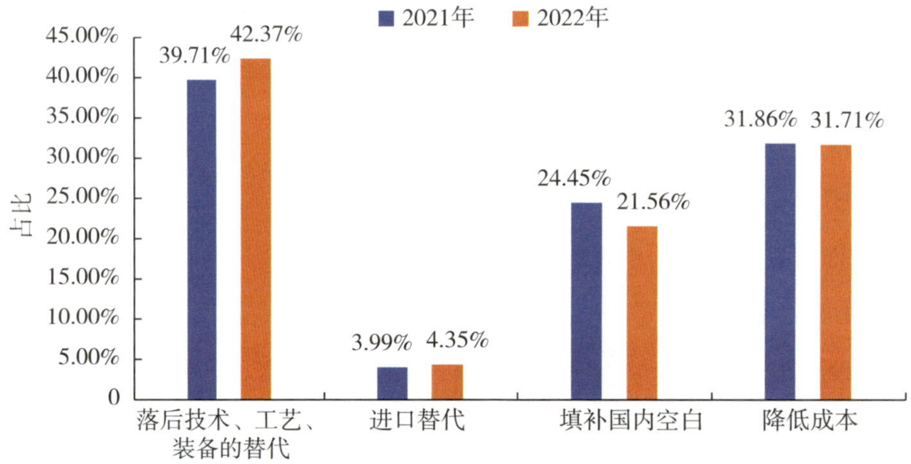

图 3-13 2021—2022 年西部地区登记应用技术成果应用效果

五、东北地区

2022 年，东北地区共登记科技成果 1732 项。其中，黑龙江省登记科技成果数量最多，占比超过东北地区登记科技成果总量的 60%。

1. 成果来源构成

2022 年，东北地区登记的科技成果中，来自财政支持的各类计划（包括国家科技计划、部门计划和地方计划）的科技成果登记数量所占比例由上年的四成升至近六成。其中，来自国家科技计划的科技成果登记数量占东北地区登记科技成果总量的 7.33%，来自部门计划的科技成果登记数量占 6.24%，来自地方计划的科技成果登记数量占 42.55%（表 3–9、图 3–14）。

表 3–9　2021—2022 年东北地区登记科技成果课题来源

课题来源	成果数（项）		
	2021 年	2022 年	增幅
国家科技计划	262	127	–51.53%
部门计划	126	108	–14.29%
地方计划	760	737	–3.03%
部门基金	13	24	84.62%
地方基金	524	375	–28.44%
民间基金	0	2	—
国际合作	4	2	–50.00%
横向委托	31	22	–29.03%
自选	367	277	–24.52%
其他	759	58	–92.36%
合计	**2846**	**1732**	**–39.14%**

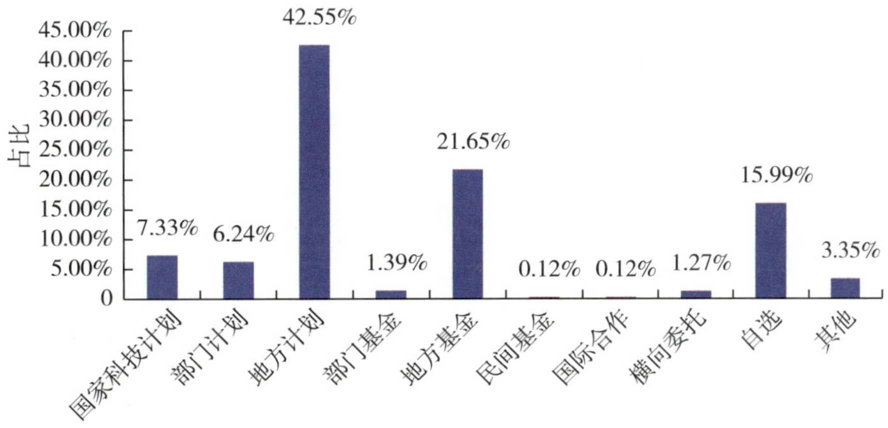

图 3–14　2022 年东北地区登记科技成果课题来源构成

2. 高新技术领域分布

2022 年，东北地区共登记高新技术领域科技成果 1042 项。从技术领域分布看，东北地区登记高新技术领域科技成果主要集中在生物医药与医疗器械领域和现代农业领域，占比分别为 35.51% 和 26.49%；其他领域登记的科技成果数量及占比相对较少（表 3–10、图 3–15）。

表 3–10　2021—2022 年东北地区登记高新技术领域科技成果数量

高新技术领域		成果数（项）		
		2021 年	2022 年	增幅
自然、生态、环境领域	生物医药与医疗器械	528	370	−29.92%
	新能源与节能	33	32	−3.03%
	环境保护	51	41	−19.61%
	地球、空间与海洋	31	13	−58.06%
非自然、生态、环境领域	电子信息	114	83	−27.19%
	先进制造	114	144	26.32%
	航空航天	7	6	−14.29%
	现代交通	62	27	−56.45%
	新材料	99	49	−50.51%
	核应用技术	5	1	−80.00%
	现代农业	351	276	−21.37%
合计		1395	1042	−25.30%

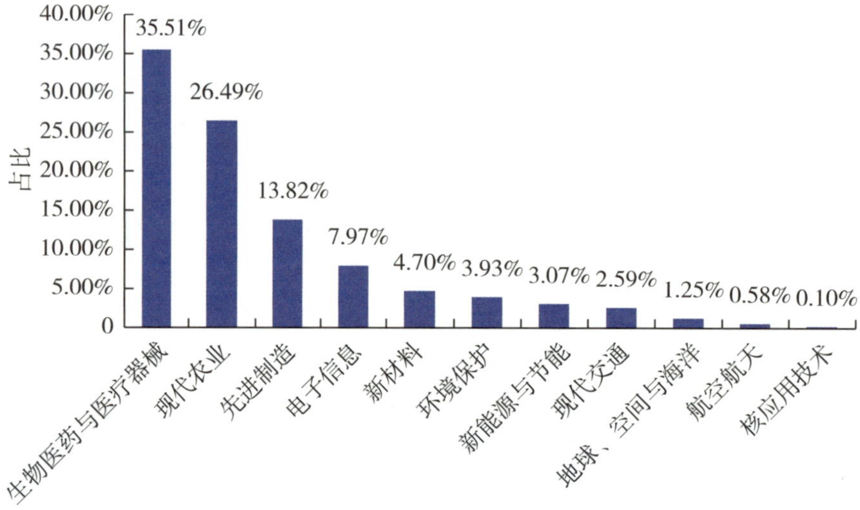

图 3–15　2022 年东北地区登记科技成果高新技术领域分布

2022 年，东北地区登记的高新技术成果中，非自然、生态、环境领域科技成果占比为 56.24%，比上年增长 2.34 个百分点（附表 9）。

3. 应用技术成果转化应用状态

2022 年，东北地区登记的应用技术成果中，小批量或小范围应用的占比最高，为 44.48%，产业化应用的占比为 31.79%，未应用的占比为 12.84%，试用的占比为 10.82%（图 3–16）。

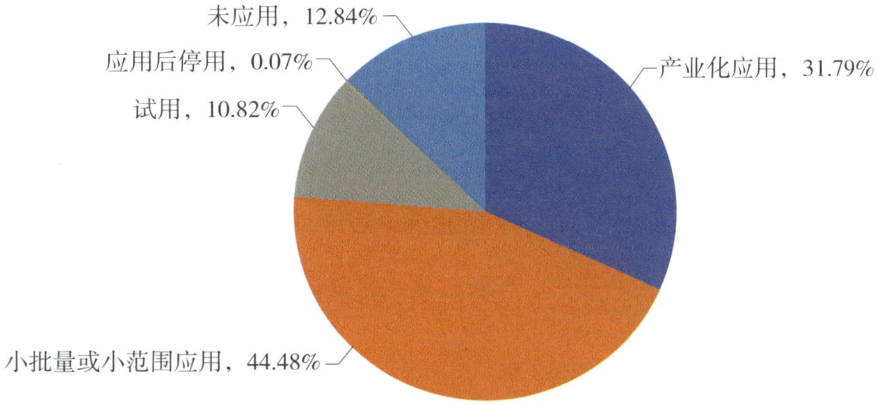

图 3–16　2022 年东北地区登记应用技术成果应用状态

通过对东北地区登记应用技术成果的应用效果抽样分析，2022 年 1340 项科技成果中，填补国内空白的占比为 34.61%，较上年减少 2.80 个百分点；落后技术、工艺、装备的替代的占比为 29.37%（图 3–17）。

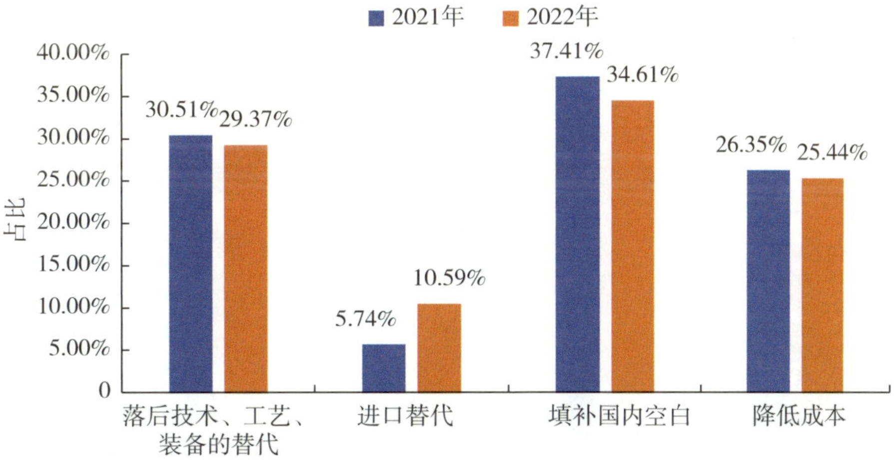

图 3–17　2021—2022 年东北地区登记应用技术成果应用效果

六、长三角地区

2022 年，长三角地区共登记科技成果 9604 项。其中，浙江省登记科技成果数量最多，占比超过 70%。

1. 成果来源构成

2022 年，长三角地区登记的科技成果中，来自财政支持的各类计划（包括国家科技计划、部门计划和地方计划）的科技成果登记数量占比为 60.86%。来自横向委托的科技成果登记数量增幅最大，同比增长 104.92%，占长三角地区登记科技成果总量的 1.30%。来自国际合作的科技成果登记数量有所减少，为 8 项，占比为 0.08%（表 3–11、图 3–18）。

表 3–11　2021—2022 年长三角地区登记科技成果课题来源

课题来源	成果数（项）		
	2021 年	2022 年	增幅
国家科技计划	580	699	20.52%
部门计划	817	826	1.10%
地方计划	4196	4320	2.96%
部门基金	142	180	26.76%
地方基金	588	455	–22.62%
民间基金	7	5	–28.57%
国际合作	12	8	–33.33%
横向委托	61	125	104.92%
自选	2520	2637	4.64%
其他	326	349	7.06%
合计	**9249**	**9604**	**3.84%**

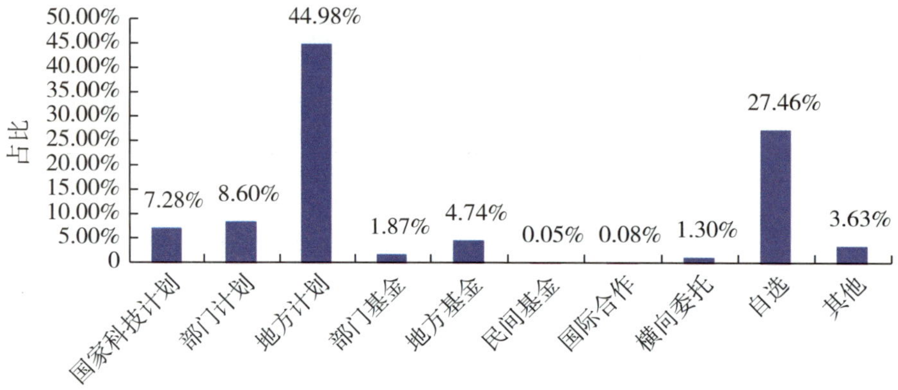

图 3–18　2022 年长三角地区登记科技成果课题来源构成

2. 高新技术领域分布

2022 年，长三角地区共登记高新技术领域科技成果 8021 项。从技术领域分布看，长三角地区登记高新技术领域科技成果聚焦在先进制造领域和新材料领域，登记科技成果数量占比分别为 34.38% 和 30.36%。航空航天领域登记的科技成果数量增幅较大，同比增长 355.56%（表 3–12、图 3–19）。

表 3–12　2021—2022 年长三角地区登记高新技术领域科技成果数量

高新技术领域		成果数（项）		
		2021 年	2022 年	增幅
自然、生态、环境领域	生物医药与医疗器械	873	742	–15.01%
	新能源与节能	319	438	37.30%
	环境保护	302	351	16.23%
	地球、空间与海洋	126	131	3.97%
非自然、生态、环境领域	电子信息	505	590	16.83%
	先进制造	2519	2758	9.49%
	航空航天	9	41	355.56%
	现代交通	107	72	–32.71%
	新材料	2041	2435	19.30%
	核应用技术	13	21	61.54%
	现代农业	503	442	–12.13%
合计		7317	8021	9.62%

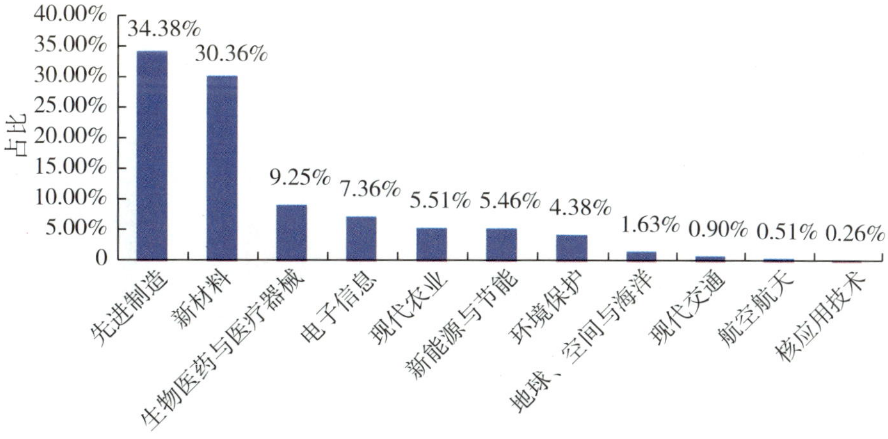

图 3–19　2022 年长三角地区登记科技成果高新技术领域分布

2022 年，长三角地区登记的高新技术成果中，非自然、生态、环境领域科技成果占比为 79.28%，较上年增长 1.43 个百分点（附表 9）。

3. 应用技术成果转化应用状态

2022 年，长三角地区登记的应用技术成果中，产业化应用的占比最高，为 72.63%，小批量或小范围应用的占比为 18.10%，试用的占比为 5.15%，未应用的占比较低，仅为 4.06%（图 3-20）。

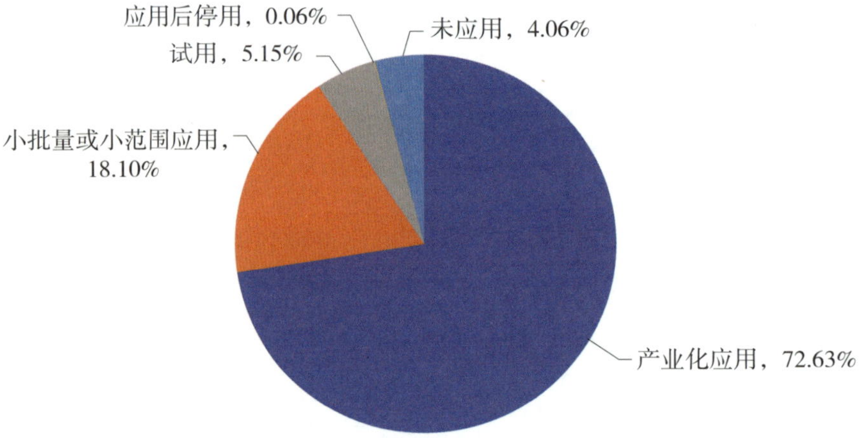

图 3-20　2022 年长三角地区登记应用技术成果应用状态

通过对长三角地区登记应用技术成果的应用效果抽样分析，2022 年 8685 项科技成果中，落后技术、工艺、装备的替代的占比为 45.17%，较上年减少 1.50 个百分点（图 3-21）。

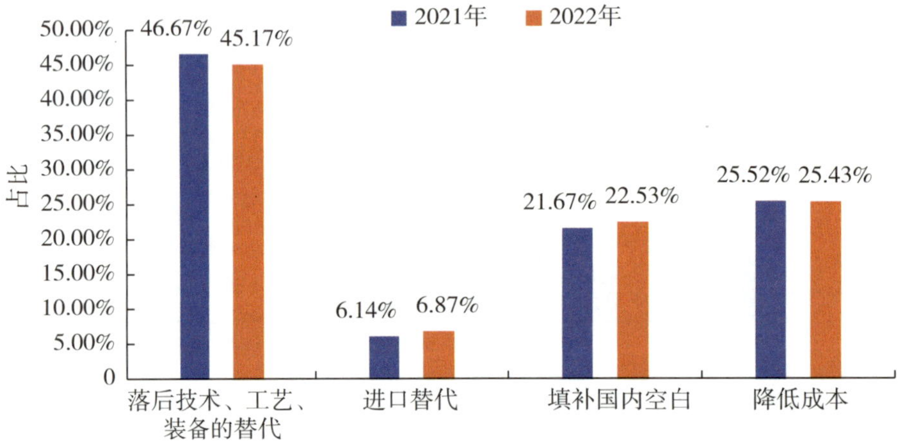

图 3-21　2021—2022 年长三角地区登记应用技术成果应用效果

七、京津冀地区

2022 年，京津冀地区共登记科技成果 5274 项。其中，河北省登记科技成果数量最多，占比近 50%。

1. 成果来源构成

2022 年，京津冀地区登记的科技成果中，来自自选课题的科技成果登记数量为 1273 项，占比为 24.14%。财政支持的各类计划（包括国家科技计划、部门计划和地方计划）占比合计为 30.66%，其中，来自国家科技计划和部门计划的科技成果登记数量较上年均有所增加，地方计划占比较上年减少 1.41 个百分点（表 3–13、图 3–22）。

表 3–13　2021—2022 年京津冀地区登记科技成果课题来源

课题来源	成果数（项）		
	2021 年	2022 年	增幅
国家科技计划	396	780	96.97%
部门计划	208	308	48.08%
地方计划	568	529	–6.87%
部门基金	45	71	57.78%
地方基金	165	210	27.27%
民间基金	3	0	–100.00%
国际合作	5	7	40.00%
横向委托	19	58	205.26%
自选	935	1273	36.15%
其他	2619	2038	–22.18%
合计	**4963**	**5274**	**6.27%**

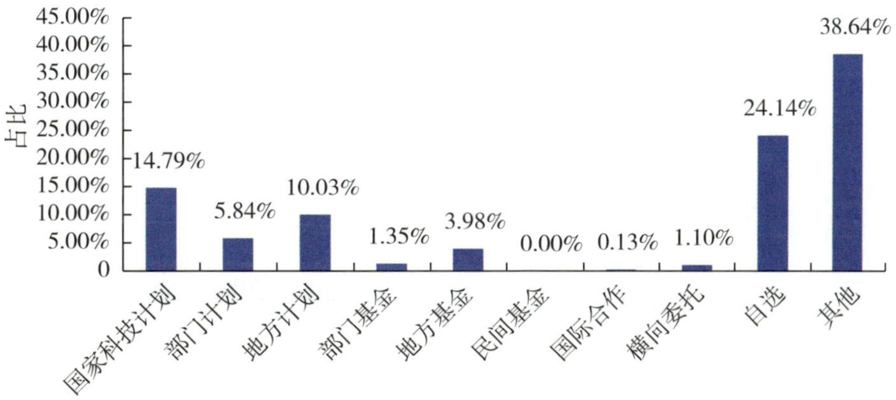

图 3–22　2022 年京津冀地区登记科技成果课题来源构成

2. 高新技术领域分布

2022年，京津冀地区共登记高新技术领域科技成果1478项，较上年有明显上升。从技术领域分布看，电子信息领域登记的科技成果数量占京津冀地区登记高新技术领域科技成果总量的18.54%（表3-14、图3-23）。

表3-14　2021—2022年京津冀地区登记高新技术领域科技成果数量

高新技术领域		成果数（项）		
		2021年	2022年	增幅
自然、生态、环境领域	生物医药与医疗器械	195	256	31.28%
	新能源与节能	139	124	-10.79%
	环境保护	96	101	5.21%
	地球、空间与海洋	149	155	4.03%
非自然、生态、环境领域	电子信息	184	274	48.91%
	先进制造	220	165	-25.00%
	航空航天	16	52	225.00%
	现代交通	43	76	76.74%
	新材料	56	123	119.64%
	核应用技术	0	16	—
	现代农业	212	136	-35.85%
合计		1310	1478	12.82%

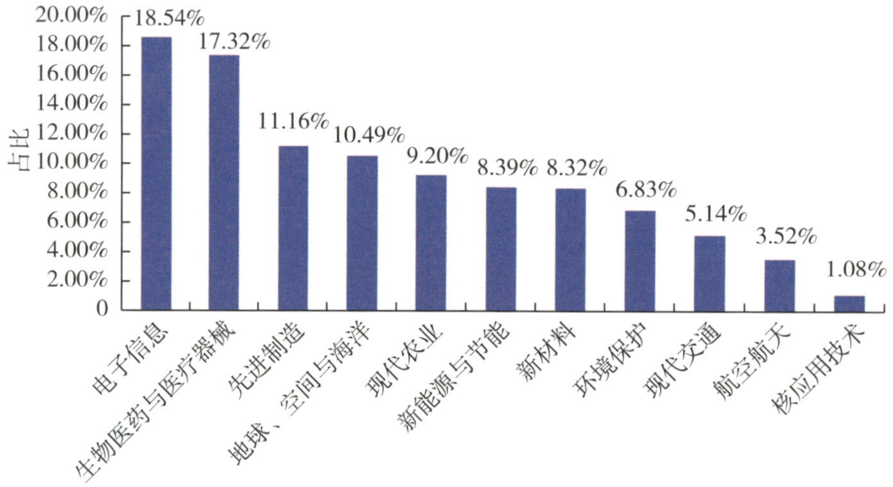

图3-23　2022年京津冀地区登记科技成果高新技术领域分布

2022 年，京津冀地区登记的高新技术成果中，非自然、生态、环境领域科技成果占比为 56.97%，较上年增长 1.18 个百分点（附表 9）。

3. 应用技术成果转化应用状态

2022 年，京津冀地区登记的应用技术成果中，小批量或小范围应用的占比为 42.56%，产业化应用的占比为 39.58%，试用的占比为 13.42%，未应用的占比为 4.42%（图 3-24）。

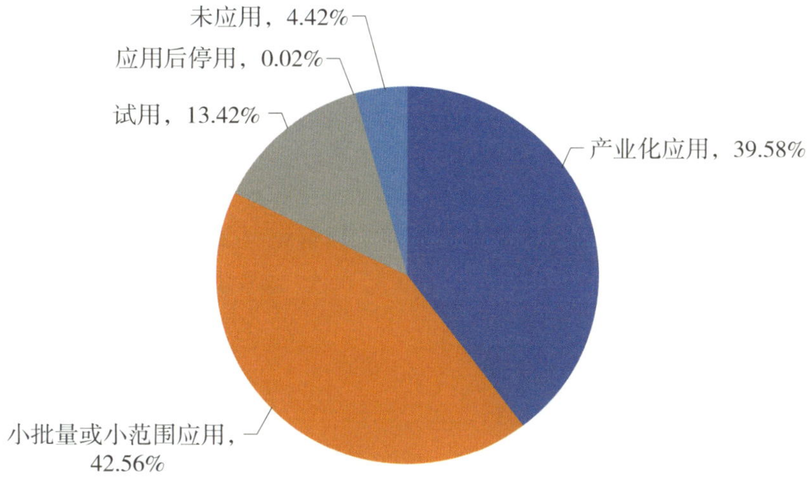

图 3-24　2022 年京津冀地区登记应用技术成果应用状态

通过对京津冀地区登记应用技术成果的应用效果抽样分析，2022 年 4596 项科技成果中，填补国内空白的占比最高，为 37.88%（图 3-25）。

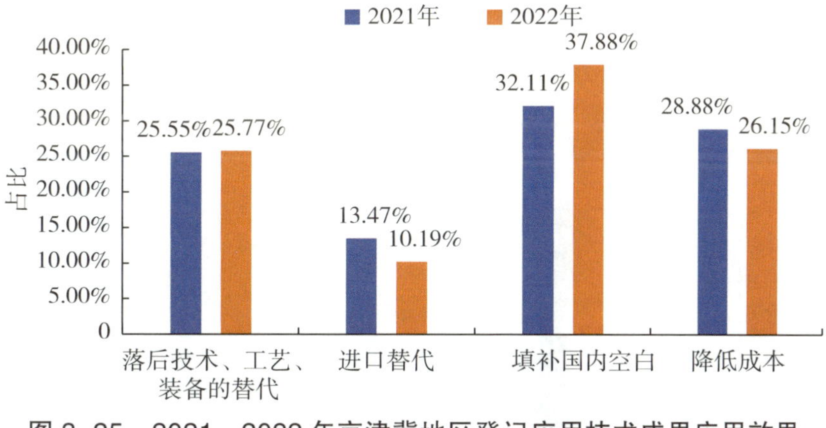

图 3-25　2021—2022 年京津冀地区登记应用技术成果应用效果

八、珠三角地区

2022 年，珠三角地区共登记科技成果 3505 项。其中，广东省登记科技成果数量最多，占比超过 70%。

1. 成果来源构成

2022 年，珠三角地区登记的科技成果课题来源以地方计划为主，占比为 68.79%。来自国家科技计划的科技成果登记数量占珠三角地区登记科技成果总量的 3.11%，较上年下降明显（表 3–15、图 3–26）。

表 3–15　2021—2022 年珠三角地区登记科技成果课题来源

课题来源	成果数（项）		
	2021 年	2022 年	增幅
国家科技计划	229	109	–52.40%
部门计划	51	105	105.88%
地方计划	2318	2411	4.01%
部门基金	13	19	46.15%
地方基金	45	35	–22.22%
民间基金	1	1	0.00%
国际合作	2	0	–100.00%
横向委托	50	24	–52.00%
自选	846	671	–20.69%
其他	147	130	–11.56%
合计	**3702**	**3505**	**–5.32%**

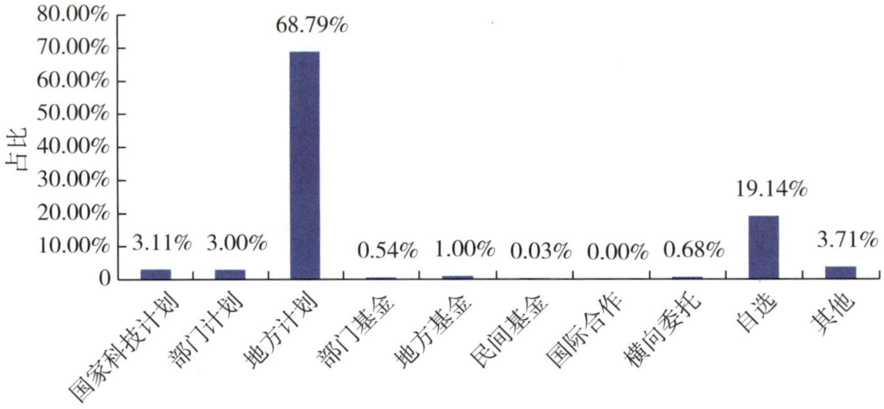

图 3–26　2022 年珠三角地区登记科技成果课题来源构成

2. 高新技术领域分布

2022 年，珠三角地区共登记高新技术领域科技成果 2409 项。从技术领域分布看，生物医药与医疗器械领域、电子信息领域、现代农业领域登记的科技成果数量占比分别为 21.09%、14.65% 和 14.03%。电子信息领域、新能源与节能领域、核应用技术领域登记的科技成果数量分别减少了 18.29%、18.11% 和 14.29%（表 3–16、图 3–27）。

表 3–16　2021—2022 年珠三角地区登记高新技术领域科技成果数量

高新技术领域		成果数（项）		
		2021 年	2022 年	增幅
自然、生态、环境领域	生物医药与医疗器械	547	508	–7.13%
	新能源与节能	265	217	–18.11%
	环境保护	217	204	–5.99%
	地球、空间与海洋	56	59	5.36%
非自然、生态、环境领域	电子信息	432	353	–18.29%
	先进制造	353	322	–8.78%
	航空航天	4	6	50.00%
	现代交通	73	87	19.18%
	新材料	258	309	19.77%
	核应用技术	7	6	–14.29%
	现代农业	314	338	7.64%
合计		2526	2409	–4.63%

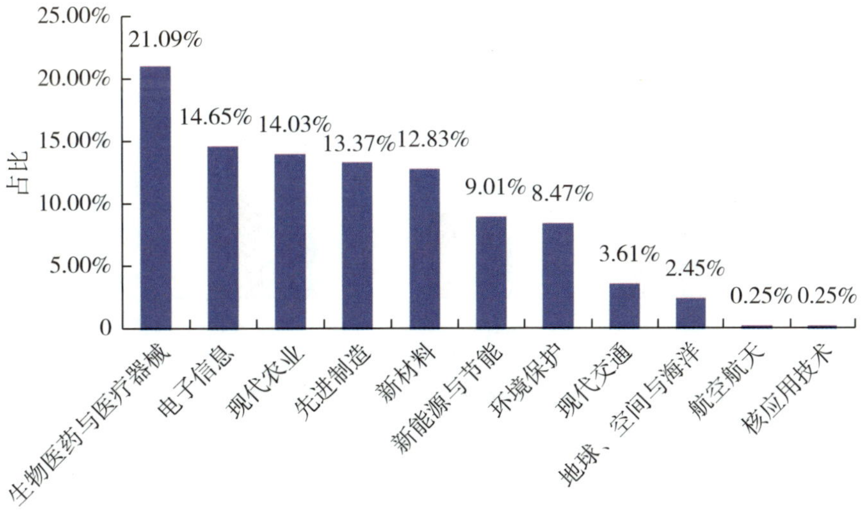

图 3–27　2022 年珠三角地区登记科技成果高新技术领域分布

2022年，珠三角地区登记的高新技术成果中，非自然、生态、环境领域科技成果占比为58.99%，比上年增长1.95个百分点（附表9）。

3. 应用技术成果转化应用状态

2022年，珠三角地区登记的应用技术成果中，产业化应用的占比最高，为43.25%，小批量或小范围应用的占比为31.80%，试用的占比为15.82%，未应用的占比为9.01%（图3-28）。

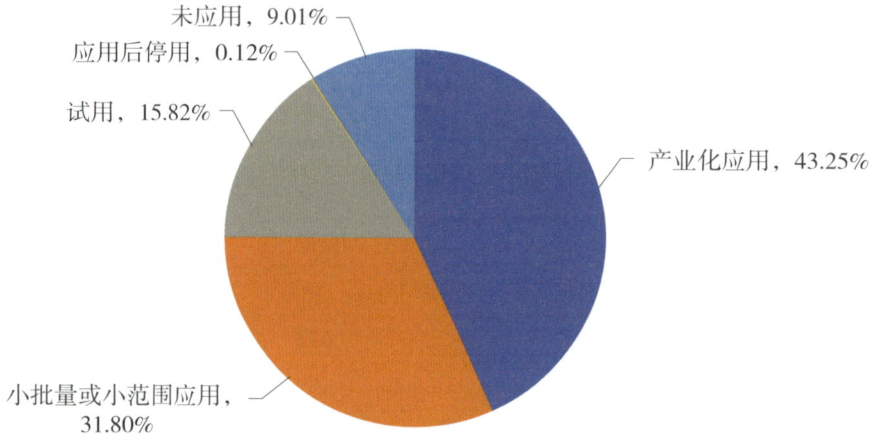

图3-28　2022年珠三角地区登记应用技术成果应用状态

通过对珠三角地区登记应用技术成果的应用效果抽样分析，2022年2409项科技成果中，落后技术、工艺、装备的替代和进口替代的占比分别为32.59%和10.19%，较上年均有小幅增长。填补国内空白和降低成本的占比略有下降（图3-29）。

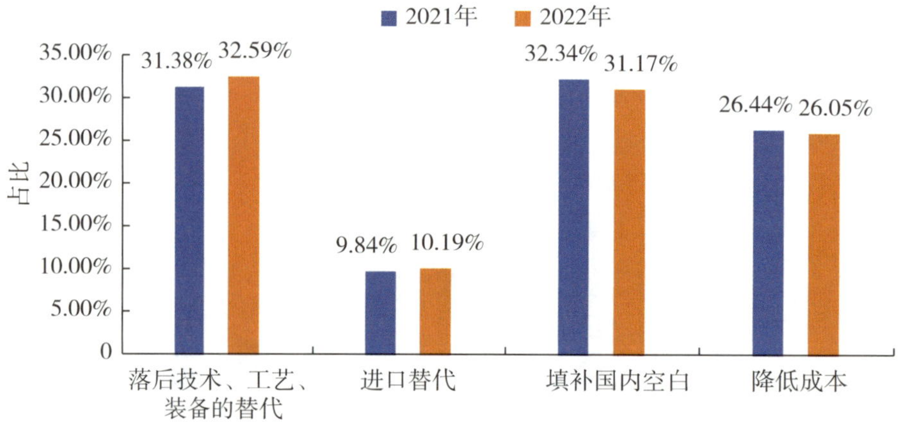

图3-29　2021—2022年珠三角地区登记应用技术成果应用效果

第四部分

应用技术成果转化应用情况

一、应用技术成果总体情况

1. 产出形式

2022 年登记到国家科技成果库中的 72 403 项应用技术成果以新技术、新产品为主要产出形式，其中，新技术占比为 48.41%，新产品占比为 15.63%（图 4-1）。新技术、新产品也是各类型完成单位应用技术成果的主要产出形式（表 4-1）。

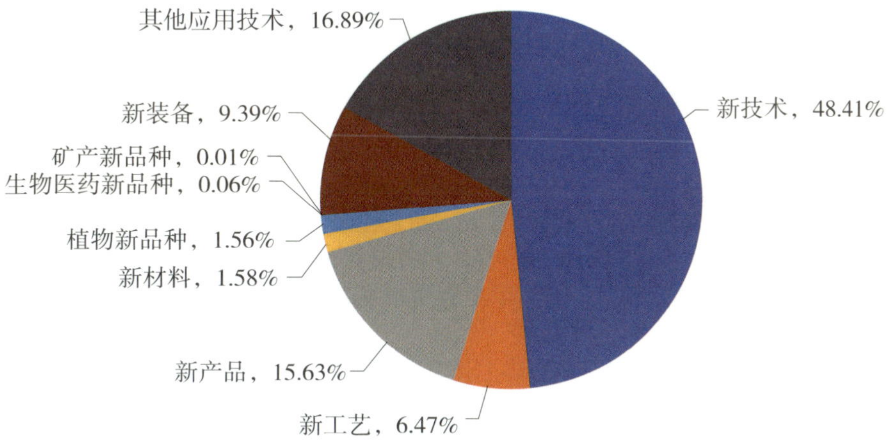

图 4-1　2022 年应用技术成果的产出形式

表 4-1　2022 年不同完成单位的应用技术成果产出形式构成

成果产出形式	独立科研机构	大专院校	企业	医疗机构	其他
新技术	55.86%	63.91%	43.76%	67.68%	53.79%
新工艺	4.12%	5.23%	8.00%	0.69%	2.17%
新产品	9.93%	10.67%	19.04%	4.94%	6.95%
新材料	1.81%	4.26%	1.42%	0.52%	0.58%
植物新品种	6.65%	1.27%	0.99%	0.13%	1.91%
生物医药新品种	0.04%	0.20%	0.03%	0.13%	0.12%
矿产新品种	0.01%	0.03%	0.01%	0.02%	0.03%
新装备	8.10%	4.08%	11.46%	1.82%	4.14%
其他应用技术	13.48%	10.35%	15.31%	24.07%	30.30%

2. 所处阶段

2022 年，应用技术成果中，处于成熟应用阶段的占比为 60.96%，较上年上升 0.81 个百分点；处于初期阶段和中期阶段的占比分别为 25.44% 和 13.59%。2018—2022 年，应用技术成果中处于成熟应用阶段的占比基本保持在 60% 以上；处于初期阶段的占比整体呈上升趋势（图 4–2）。

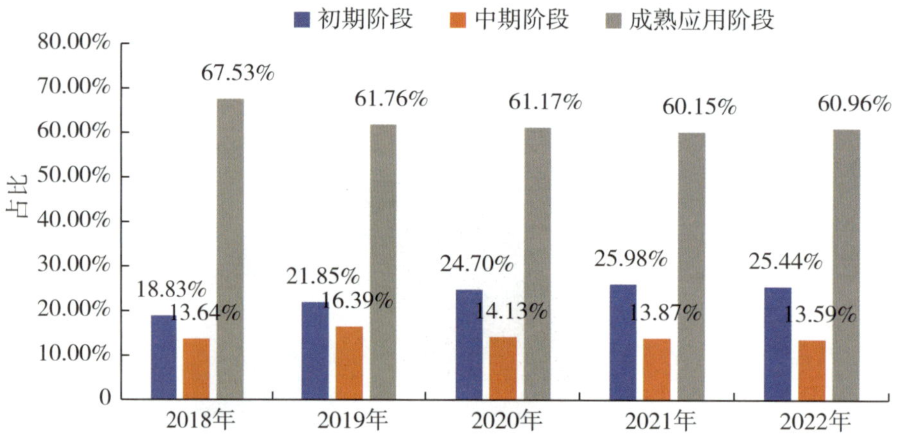

图 4–2　2018—2022 年应用技术成果所处阶段分布

3. 应用状态

2022 年，应用技术成果中，产业化应用的应用技术成果 33 760 项，所占比例最高，为 45.35%；小批量或小范围应用的应用技术成果 23 502 项，占应用技术成果总量的 31.57%；未应用的应用技术成果 9251 项，占应用技术成果总量的 12.43%；试用的应用技术成果 7787 项，占应用技术成果总量的 10.46%；应用后停用的应用技术成果 138 项，占比为 0.19%。

2018—2022 年，应用技术成果产业化应用的占比为 43% ~ 55%，2022 年占比较上年略有上升（图 4–3）。

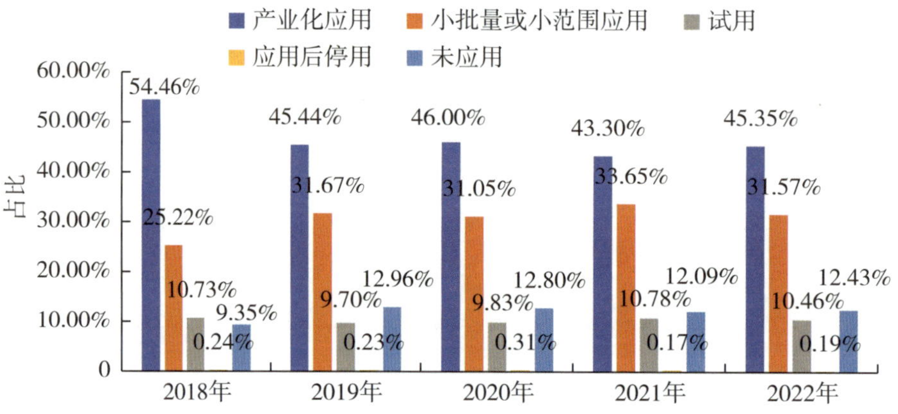

图 4–3　2018—2022 年应用技术成果应用状态分布

（1）各地区成果应用情况

2022 年，地方登记的应用技术成果中，产业化应用的应用技术成果 30 347 项，较上年增加了 4087 项。

从东、中、西部地区分布看，2022 年东部地区产业化应用的应用技术成果所占比例高于中、西部地区，为 56.91%，较上年增长 2.40 个百分点；中部地区产业化应用的应用技术成果占比为 43.03%，较上年增长 2.65 个百分点；西部地区产业化应用的应用技术成果占比为 32.66%，较上年增长 0.91 个百分点（图 4–4）。

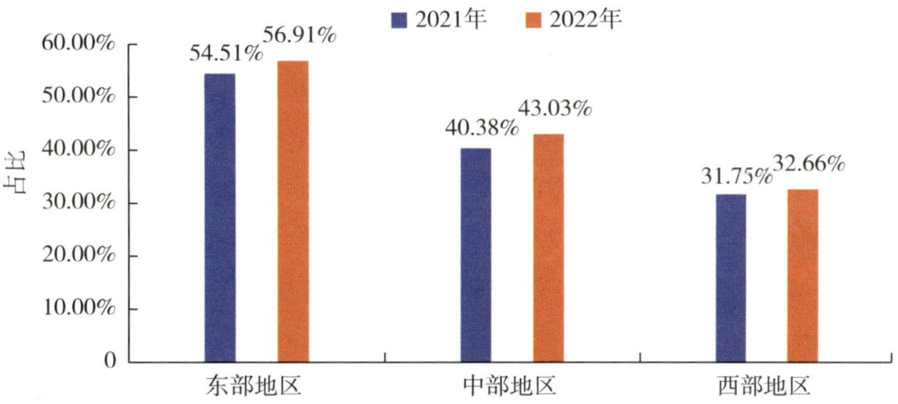

图 4–4 2021—2022 年东、中、西部地区产业化应用的应用技术成果占比

从主要经济地带看，2022 年长三角地区产业化应用的应用技术成果占比最高，为 72.63%；东北地区产业化应用的应用技术成果占比最低，为 31.79%（图 4–5）。

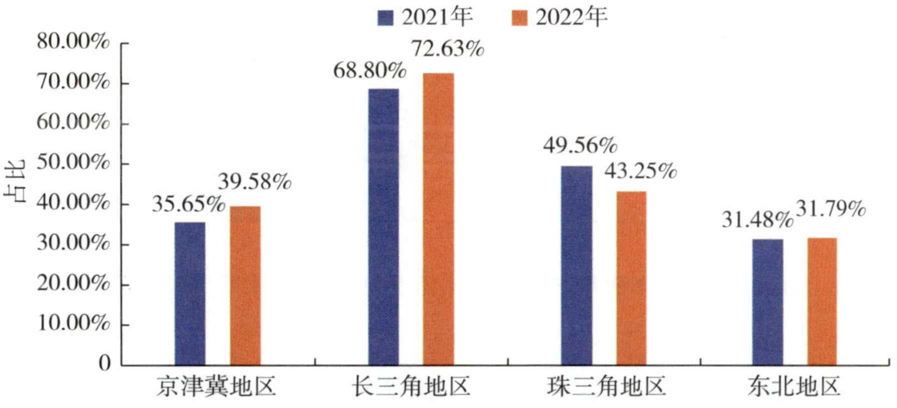

图 4–5 2021—2022 年四大经济地带产业化应用的应用技术成果占比

（2）各行业成果应用情况

从各行业产业化应用所占比例看，2022 年金融业、批发和零售业的产业化应用占比较高，分别达到 74.43% 和 61.48%；采矿业，制造业，电力、热力、燃气及水的生产和供应业，房地产业及国际组织的产业化应用占比均超过 50%（附表 11）。

2022 年，未应用占比较高的行业主要为居民服务、修理和其他服务业，占比为 20.61%。公共管理、社会保障和社会组织未应用的占比为 19.22%（附表 11）。

（3）高新技术领域成果应用情况

从高新技术领域看，2022 年新材料领域产业化应用占比最高，达到 68.96%；其次是先进制造领域，产业化应用占比为 59.65%；新能源与节能领域产业化应用占比为 56.13%；其他高新技术领域的产业化应用占比均不足 50%；生物医药与医疗器械领域占比最低，为 29.01%（附表 11）。

4. 未应用或应用后停用影响因素

应用技术成果未应用或应用后停用的影响因素较多。2018—2021 年，应用技术成果未应用或应用后停用的主要影响因素是资金问题，占比一直在 30% 以上，2022 年降至 22.07%。管理问题占比从 2018 年的 12.77% 增加到 2022 年的 18.50%。市场问题占比较 2018 年减少了 4.85 个百分点，技术问题占比从 2018 年的 23.01% 下降到 2022 年的 17.35%，表明影响应用技术成果转化应用的市场问题和技术问题均有所缓解。其他因素占比从 2018 年的 6.39% 上升为 2022 年的 25.64%（图 4–6）。

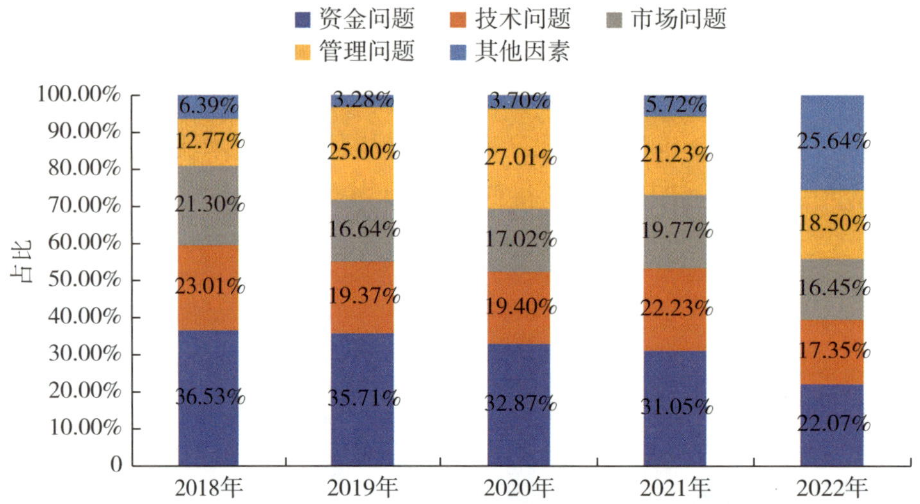

图 4–6　2018—2022 年应用技术成果未应用或应用后停用影响因素的比例分布

从东、中、西部地区看，2022 年东部地区应用技术成果未应用或应用后停用的主要影响因素是技术问题，占比为 38.45%。中部地区应用技术成果未应用或应用后停用的主要影响因素是管理问题和资金问题，占比分别为 24.64% 和 24.20%。西部地区应用技术成果未应用或应用后停用的主要影响因素是其他因素，占比为 43.33%（图 4–7）。

从主要经济地带看，2022 年京津冀地区、长三角地区和珠三角地区的最主要影响因素是技术问题；东北地区应用技术成果未应用或应用后停用的影响因素中管理问题较为突出。4 个主要经济地带中，影响应用技术成果转化应用的其他因素所占比例珠三角地区最小，为 3.64%（图 4–7）。

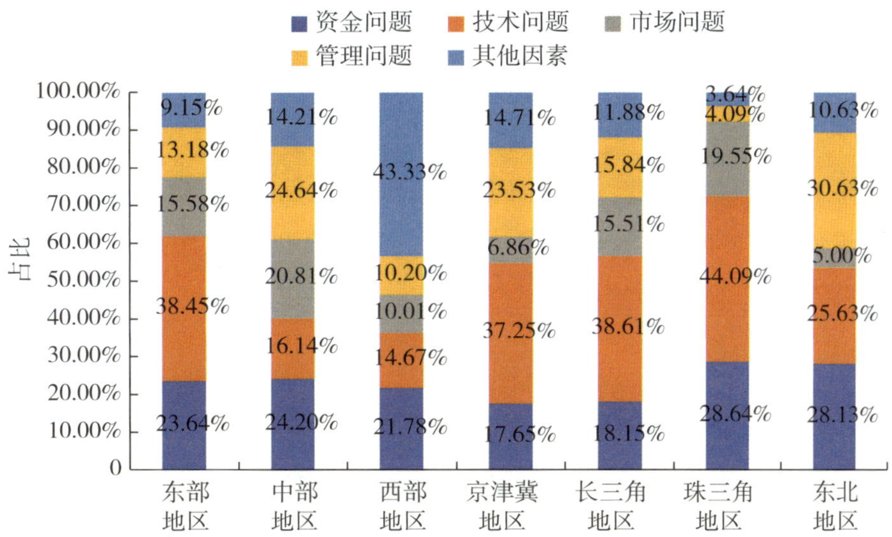

图 4-7　2022 年不同地区应用技术成果未应用或应用后停用影响因素的比例分布

2022 年，各类型单位的应用技术成果未应用或应用后停用的影响因素主要集中在资金问题、技术问题和其他因素。大专院校应用技术成果未应用或应用后停用的主要影响因素是资金问题和技术问题，占比分别为 28.68% 和 22.89%；独立科研机构受其他因素影响较为严重，占比为 34.04%；技术问题对医疗机构影响较大（图 4-8）。

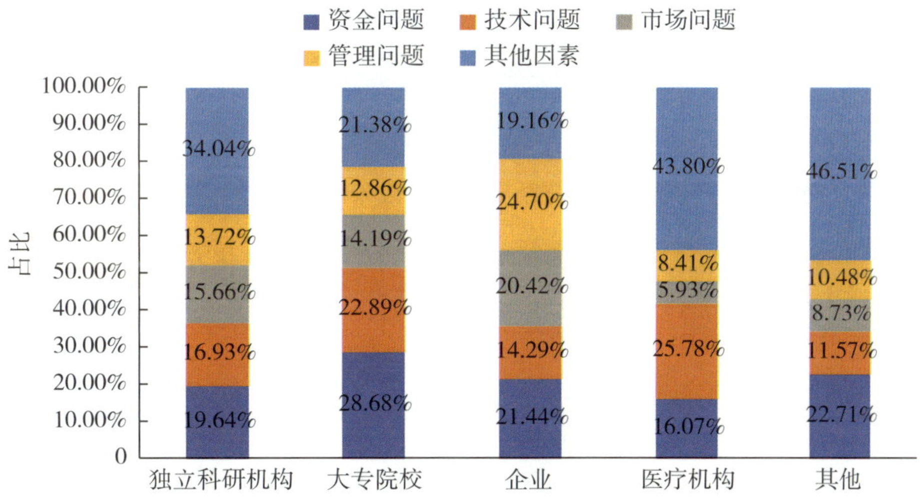

图 4-8　2022 年不同单位应用技术成果未应用或应用后停用影响因素的比例分布

二、财政资助应用技术成果转移转化情况

财政资助来源于国家科技计划、部门计划、部门基金、地方计划和地方基金。2022 年，登记在国家科技成果库的 72 403 项应用技术成果中，财政资助的应用技术成果 22 742 项，占比为 31.41%，较上年减少 2.23 个百分点。

1. 转化方式

2022 年，财政资助应用技术成果转化的主要方式是自我转化和合作转化，二者所占比例之和为 78.49%（图 4–9）。从各类财政资助来源类型看，自我转化的比例均超过合作转化，技术许可与技术作价投资的比例较低，占比为 0.1% ~ 1.5%（表 4–2）。

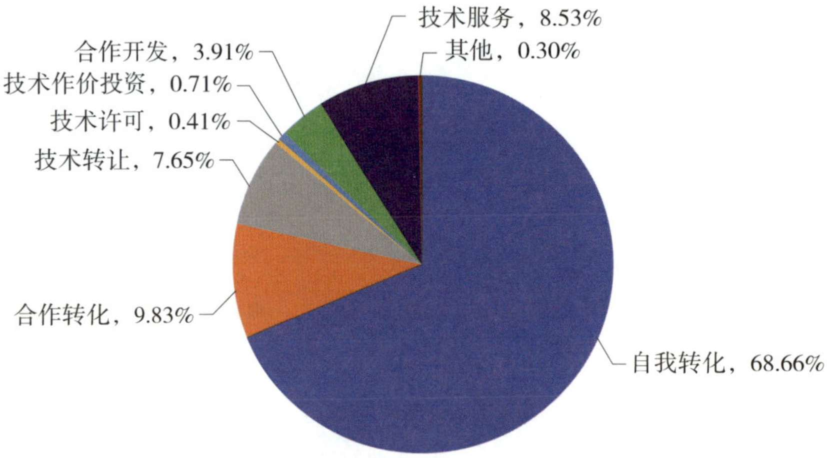

图 4–9　2022 年财政资助应用技术成果的不同转化方式构成

表 4–2　2022 年财政资助应用技术成果的不同转化方式构成

课题来源	自我转化	合作转化	技术转让	技术许可	技术作价投资	合作开发	技术服务	其他
国家科技计划	39.56%	20.94%	14.34%	1.44%	0.77%	7.01%	15.21%	0.72%
部门计划	69.54%	8.29%	7.10%	0.59%	0.75%	3.66%	9.80%	0.27%
地方计划	76.14%	7.57%	5.83%	0.11%	0.66%	3.04%	6.43%	0.21%
部门基金	46.64%	15.55%	11.76%	0.42%	0.42%	8.40%	16.39%	0.42%
地方基金	45.24%	13.20%	16.50%	1.36%	1.17%	7.38%	14.56%	0.58%

2. 转移途径

从应用技术成果的转移途径看，2022 年共有 9293 项财政资助应用技术成果反馈有效数据。由于应用技术成果转移途径为多选项，因此共统计出 9598 个转移途径选项。

其中，协议定价为实现转移的主要途径，占比为 60.19%；采用挂牌交易、技术拍卖等转移途径的应用技术成果占比较少，分别为 2.23% 和 2.08%（表 4–3）。

表 4–3　2022 年财政资助应用技术成果转移途径

转移途径	选项数（个）	普及率（n=9293）
协议定价	5593	60.19%
挂牌交易	207	2.23%
技术拍卖	193	2.08%
其他	3605	38.79%
合计	9598	103.28%

注：普及率强调样本中有多少比例选择该项，各个选项的比例之和大于 100%。

3. 转化收入

2022 年，在财政资助的 22 742 项应用技术成果中，已转让企业 3653 家，实现技术转让与许可收入约 46.60 亿元，平均每项应用技术成果的技术转让与许可收入为 20.49 万元。从已转让企业数量看，地方计划多于国家科技计划、部门计划等各类课题来源，达到 1666 家，占已转让企业总数的 45.61%，技术转让与许可收入约 11.00 亿元，占技术转让与许可收入总量的 23.60%。国家科技计划应用技术成果技术转让与许可收入高于地方计划，约为 18.76 亿元，平均每项应用技术成果的技术转让与许可收入达到 54.20 万元，领先于其他课题来源（表 4–4）。

表 4–4　2022 年财政资助应用技术成果的转化收入

课题来源	应用技术成果（项）	已转让企业（家）	技术转让与许可收入（万元）	平均每项应用技术成果的技术转让与许可收入（万元）
国家科技计划	3462	1202	187 635	54.20
部门计划	2780	588	124 521	44.79
地方计划	14 962	1666	109 980	7.35
部门基金	448	49	5778	12.90
地方基金	1090	148	38 051	34.91
合计	22 742	3653	465 965	20.49

4. 应用效果

2022 年，在财政资助的 22 742 项应用技术成果中，有转化应用效果的有 13 479 项，占比为 59.27%。由于应用技术成果的应用效果为多选项，因此共统计出 18 763 个应用效果选项，平均每项应用技术成果选择 1.39 个选项。

其中，49.34% 的应用技术成果实现了落后技术、工艺、装备的替代，41.65% 的应用技术成果填补了国内空白，38.11% 的应用技术成果有效降低了成本，10.10% 的应用技术成果实现了进口替代（表 4–5）。

表 4–5　2022 年财政资助应用技术成果应用效果

应用效果	选项数（个）	普及率（n=13 479）
落后技术、工艺、装备的替代	6651	49.34%
进口替代	1361	10.10%
填补国内空白	5614	41.65%
降低成本	5137	38.11%
合计	18 763	139.20%

注：普及率强调样本中有多少比例选择该项，各个选项的比例之和大于 100%。

5. 奖励和报酬情况

从应用技术成果转化的奖励和报酬情况看，2022 年共有 10 372 项财政资助应用技术成果反馈有效数据。完全实施转化收益奖励和报酬的应用技术成果为 4452 项，占比为 42.92%；未实施或未完全实施转化收益奖励和报酬的比例仍然较高，分别为 37.85% 和 19.22%（图 4–10）。

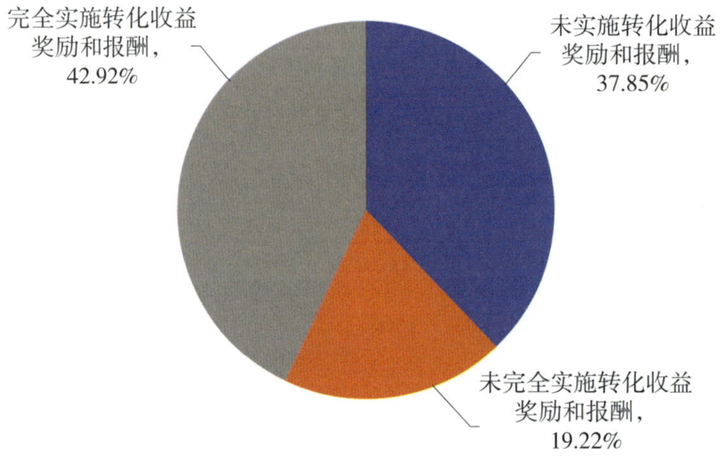

图 4–10　2022 年财政资助应用技术成果转化的奖励和报酬情况

6. 政府支持情况

2022 年，财政资助应用技术成果转化的政府支持形式以得到转化财政经费支持为主。从政府支持情况看，共有 8189 项应用技术成果反馈有效数据，同比增长 2.89%（2021 年 7959 项）。其中，有 4046 项应用技术成果获得了政府支持，政府的支持形式以得到转化财政经费支持为主，占比为 40.07%；其次为享受政府税收优惠的支持形式，占比为 33.35%（图 4–11）。50.59% 的应用技术成果反馈在转化阶段没有获得政府支持。

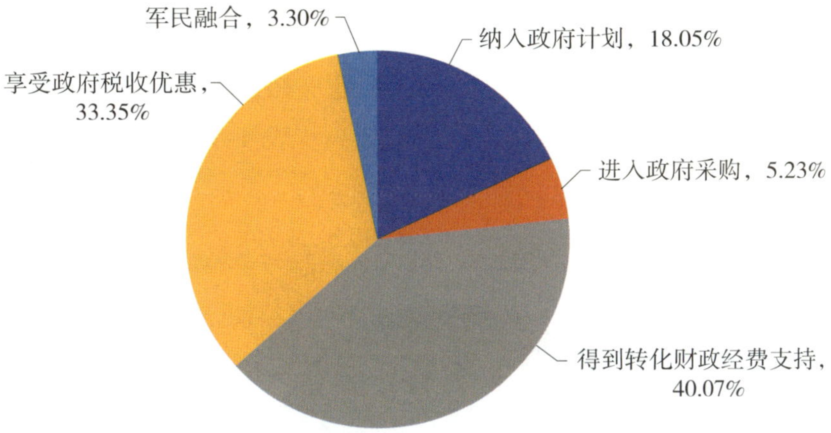

图 4–11　2022 年财政资助应用技术成果转化的政府支持情况

7. 本单位转化政策支持情况

从应用技术成果获得的本单位转化政策支持情况看，2022 年共有 8710 项财政资助应用技术成果反馈有效数据。由于应用技术成果的本单位转化政策支持形式为多选项，因此共统计出 14 076 个选项，平均每项应用技术成果选择 1.62 个选项。

其中，58.53% 的应用技术成果所属单位将成果转化纳入绩效考评；所属单位将成果转化与个人收入分配、职称评定挂钩的均超过 35%；18.60% 的应用技术成果所属单位设立了专门的转化机构（表 4–6）。

表 4–6　2022 年财政资助应用技术成果的本单位转化政策支持情况

本单位转化政策支持	选项数（个）	普及率（*n*=8710）
设立转化机构	1620	18.60%
纳入绩效考评	5098	58.53%
与职称评定挂钩	3171	36.41%
与个人收入分配挂钩	3153	36.20%
未设立转化机构	487	5.59%
未出台转化政策	547	6.28%
合计	**14 076**	**161.61%**

注：普及率强调样本中有多少比例选择该项，各个选项的比例之和大于 100%。

三、非财政资助应用技术成果转移转化情况

非财政资助来源于国际合作、横向委托、民间基金、自选课题等。2022 年，登记到国家科技成果库的 72 403 项应用技术成果中，非财政资助应用技术成果比例上升至 68.59%。

1. 转化方式

2022 年，非财政资助应用技术成果转化的方式以自我转化为主，以技术作价投资和技术许可的方式转化的比例较低（图 4-12）。其中，自选课题应用技术成果中 92.60% 实现自我转化。各来源应用技术成果采用自我转化方式的比例相对较高（表 4-7）。

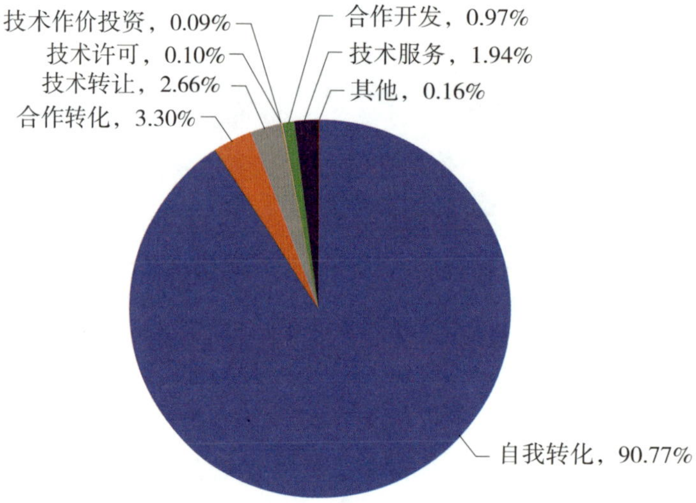

图 4-12　2022 年非财政资助应用技术成果的不同转化方式构成

表 4-7　2022 年非财政资助应用技术成果的不同转化方式构成

课题来源	自我转化	合作转化	技术转让	技术许可	技术作价投资	合作开发	技术服务	其他
国际合作	50.00%	16.67%	8.33%	0.00%	8.33%	0.00%	16.67%	0.00%
横向委托	36.14%	24.82%	10.12%	0.00%	0.96%	9.64%	18.31%	0.00%
民间基金	88.89%	0.00%	0.00%	0.00%	0.00%	11.11%	0.00%	0.00%
自选	92.60%	2.66%	2.30%	0.09%	0.08%	0.74%	1.41%	0.13%
其他	67.13%	10.96%	8.40%	0.37%	0.15%	3.36%	8.77%	0.88%

2. 转移途径

从应用技术成果的转移途径看，2022 年共有 25 387 项非财政资助应用技术成果反馈有效数据。由于应用技术成果的转移途径为多选项，因此共统计出 25 581 个转移途径选项。

其中，占比超过七成的应用技术成果通过协议定价实现转移转化；采用挂牌交易、技术拍卖等实现转移转化的应用技术成果占比较少，分别为 0.35% 和 0.72%（表 4–8）。

表 4–8　2022 年非财政资助应用技术成果转移途径

转移途径	选项数（个）	普及率（n=25 387）
协议定价	18 747	73.84%
挂牌交易	90	0.35%
技术拍卖	182	0.72%
其他	6562	25.85%
合计	25 581	100.76%

注：普及率强调样本中有多少比例选择该项，各个选项的比例之和大于 100%。

3. 转化收入

2022 年，在非财政资助的 49 661 项应用技术成果中，已转让企业 3693 家，获得技术转让与许可收入约 28.34 亿元，平均每项应用技术成果的技术转让与许可收入为 5.71 万元。其中，自选课题的应用技术成果数量最多，为 44 438 项，转让企业 3037 家，技术转让与许可收入约为 14.95 亿元，其产业化应用占主导地位。从单个应用技术成果的技术转让与许可水平看，横向委托的平均应用技术成果转化收入高于其他课题来源，平均每项应用技术成果的技术转让与许可收入为 33.51 万元（表 4–9）。

表 4–9　2022 年非财政资助应用技术成果的转化收入

课题来源	应用技术成果（项）	已转让企业（家）	技术转让与许可收入（万元）	平均每项应用技术成果的技术转让与许可收入（万元）
国际合作	36	0	0	0.00
横向委托	696	231	23 326	33.51
民间基金	26	1	60	2.31
自选	44 438	3037	149 540	3.37
其他	4465	424	110 447	24.74
合计	49 661	3693	283 373	5.71

4. 应用效果

2022年，49 661项非财政资助的应用技术成果中，有转化应用效果的有31 038项，占比为62.50%。由于应用效果为多选项，因此共统计出35 961个选项，平均每项应用技术成果选择1.16个选项。

与财政资助的应用技术成果相比，非财政资助的应用技术成果在填补国内空白及进口替代等方面相对较弱（表4-10）。其中，实现进口替代的应用技术成果占比仅为4.21%（财政资助的应用技术成果为10.10%）；填补国内空白的应用技术成果占比为16.17%（财政资助的应用技术成果为41.65%）。

表4-10　2022年非财政资助应用技术成果应用效果

应用效果	选项数（个）	普及率（n=31 038）
落后技术、工艺、装备的替代	21 080	67.92%
进口替代	1307	4.21%
填补国内空白	5019	16.17%
降低成本	8555	27.56%
合计	35 961	115.86%

注：普及率强调样本中有多少比例选择该项，各个选项的比例之和大于100%。

5. 奖励和报酬情况

从应用技术成果转化的奖励和报酬情况看，2022年共有27 734项非财政资助应用技术成果反馈有效数据。完全实施转化收益奖励和报酬的应用技术成果为11 987项，占比为43.22%（图4-13）。

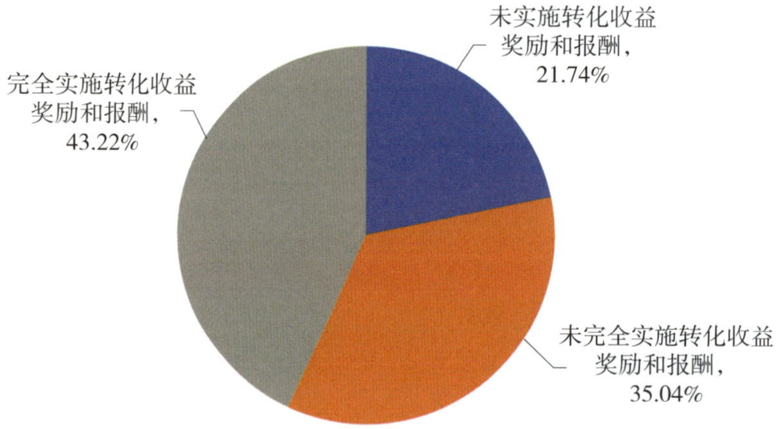

图4-13　2022年非财政资助应用技术成果转化的奖励和报酬情况

6. 政府支持情况

2022 年，非财政资助应用技术成果转化的政府支持形式以享受政府税收优惠为主。从政府支持情况看，共有 10 131 项应用技术成果反馈有效数据。其中，有 3683 项应用技术成果获得了政府的相关支持，享受政府税收优惠的占比最大，为 66.33%；其次为得到转化财政经费支持，占比为 17.78%（图 4–14）。没有获得政府支持的应用技术成果占比为 63.65%。

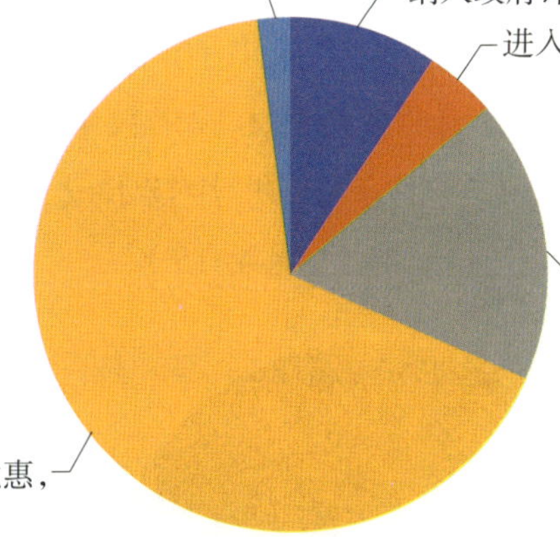

图 4–14　2022 年非财政资助应用技术成果转化的政府支持情况

7. 本单位转化政策支持情况

从应用技术成果获得的本单位转化政策支持情况看，2022 年共有 11 552 项非财政资助应用技术成果反馈有效数据。由于应用技术成果的本单位转化政策支持形式为多选项，因此共统计出 15 984 个选项，平均每项应用技术成果选择 1.38 个选项。

其中，将成果转化纳入绩效考评的占比为 53.83%，将成果转化与个人收入分配挂钩的占比为 30.96%（表 4–11）。

表 4–11　2022 年非财政资助应用技术成果的本单位转化政策支持情况

本单位转化政策支持	选项数（个）	普及率（n=11 552）
设立转化机构	1897	16.42%
纳入绩效考评	6218	53.83%
与职称评定挂钩	2314	20.03%
与个人收入分配挂钩	3577	30.96%
未设立转化机构	1065	9.22%
未出台转化政策	913	7.90%
合计	15 984	138.37%

注：普及率强调样本中有多少比例选择该项，各个选项的比例之和大于 100%。

四、大专院校和独立科研机构应用技术成果转移转化情况

1. 应用状态

2022 年，全国登记的应用技术成果中，由大专院校和独立科研机构完成的应用技术成果共计 13 513 项。其中，产业化应用的应用技术成果 3791 项，占大专院校和独立科研机构应用技术成果总量的 28.05%，这一比例低于整体应用技术成果中产业化应用的占比（45.35%）。小批量或小范围应用的应用技术成果数量、试用的应用技术成果数量分别占大专院校和独立科研机构应用技术成果总量的 32.45% 和 18.16%。未应用的应用技术成果 2852 项，占比为 21.11%。应用后停用的应用技术成果 31 项，占比为 0.23%（图 4–15）。

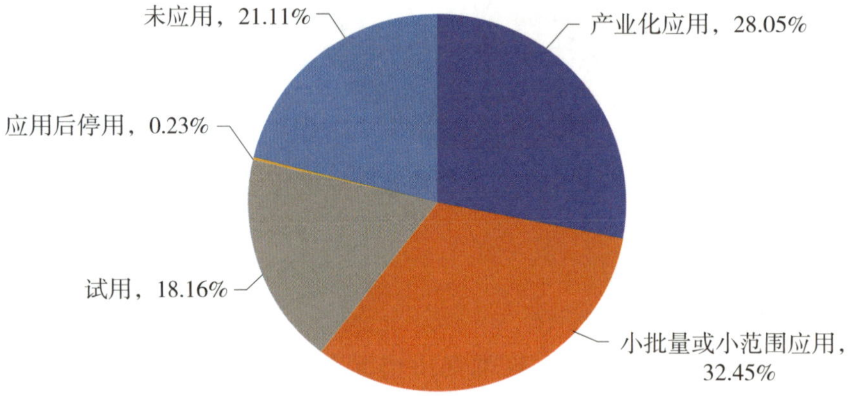

图 4–15　2022 年大专院校和独立科研机构应用技术成果应用状态分布

2. 转化方式

2022 年，由大专院校和独立科研机构完成的财政资助应用技术成果转化的最主要方式是自我转化。除国家科技计划和部门基金外，在其他财政资助来源中，自我转化的比例均为最高。其中，部门计划自我转化的比例高达 35.91%，其次是地方计划，占比为 35.61%（表 4–12）。

表 4–12　2022 年大专院校和独立科研机构财政资助应用技术成果的转化方式

课题来源	自我转化	合作转化	技术转让	技术许可	技术作价投资	合作开发	技术服务	其他
国家科技计划	23.10%	24.46%	20.76%	2.35%	1.26%	7.76%	20.04%	0.27%
部门计划	35.91%	18.92%	15.64%	2.12%	2.12%	6.56%	18.53%	0.19%
地方计划	35.61%	18.53%	19.02%	0.32%	2.35%	6.82%	16.72%	0.63%
部门基金	25.47%	30.19%	13.21%	0.94%	0.00%	8.49%	20.75%	0.94%
地方基金	24.05%	19.08%	20.99%	1.91%	2.29%	9.92%	21.37%	0.38%

3. 转移转化效益

2022 年，大专院校和独立科研机构完成的应用技术成果中，已实现产业化应用的应用技术成果 3791 项。其中，获得经济效益的应用技术成果 3120 项，占大专院校和独立科研机构完成的应用技术成果的 23.09%。已转化成果 1625 项，占大专院校和独立科研机构完成的应用技术成果的 12.03%。

2022 年，大专院校和独立科研机构完成的 3120 项获得经济效益的应用技术成果中，自我转化形成的累积总收入约为 4003.39 亿元；合作转化收入约为 3356.49 亿元；技术转让收入约为 122.67 亿元，其中，知识产权转让收入约为 116.05 亿元；技术许可收入约为 1.79 亿元，其中，知识产权许可收入约为 0.67 亿元；技术作价投资收入约为 3.60 亿元，其中，技术入股股权折价收入约为 3.33 亿元（表 4–13）。

表 4–13　2022 年大专院校和独立科研机构应用技术成果转移转化收入情况

项目名称	合计	独立科研机构	大专院校
获得经济效益成果数（项）	3120	1960	1160
自我转化效益：收入（万元）	40 033 891	18 182 455	21 851 436
净利润（万元）	8 308 026	3 082 841	5 225 185
实交税金（万元）	2 815 697	144 007	2 671 690
出口创汇（万元）	380 079	15 930	364 149
节约资金（万元）	2 481 929	591 545	1 890 384
合作转化收入（万元）	33 564 949	6 165 466	27 399 483
技术转让收入（万元）	1 226 660	1 100 028	126 632
其中：知识产权转让收入（万元）	1 160 489	1 064 789	95 700
技术许可收入（万元）	17 937	13 596	4341
其中：知识产权许可收入（万元）	6661	3001	3660
技术作价投资收入（万元）	35 953	6920	29 033
其中：技术入股股权折价收入（万元）	33 333	6820	26 513

4. 技术转让与许可收入

2022 年，在登记到国家科技成果库的应用技术成果中，由大专院校和独立科研机构完成的应用技术成果共 13 385 项。其中，财政资助应用技术成果 8354 项，占比为 62.41%；非财政资助应用技术成果 5031 项，占比为 37.59%。

2022 年，在 8354 项财政资助应用技术成果中，已转让企业 1911 家，实现技术转让与许可收入约 21.28 亿元，平均每项应用技术成果的技术转让与许可收入为 25.47 万元（表 4–14）。

表 4-14　2022 年大专院校和独立科研机构财政资助应用技术成果应用情况

课题来源	应用技术成果（项）	已转让企业（家）	技术转让与许可收入（万元）	平均每项应用技术成果的技术转让与许可收入（万元）
国家科技计划	2105	755	125 955	59.84
部门计划	863	400	58 173	67.41
地方计划	4598	676	23 050	5.01
部门基金	201	21	4767	23.72
地方基金	587	59	811	1.38
合计	8354	1911	212 757	25.47

2022 年，在 5031 项非财政资助应用技术成果中，自选课题应用技术成果数量最多，约占 75% 以上。非财政资助应用技术成果已转让企业 511 家，获得技术转让与许可收入约 3.17 亿元，平均每项应用技术成果的技术转让与许可收入为 6.30 万元（表 4-15）。

表 4-15　2022 年大专院校和独立科研机构非财政资助应用技术成果应用情况

课题来源	应用技术成果（项）	已转让企业（家）	技术转让与许可收入（万元）	平均每项应用技术成果的技术转让与许可收入（万元）
国际合作	20	0	0	0.00
横向委托	331	87	9386	28.36
民间基金	3	1	0	0.00
自选	3839	327	20 256	5.28
其他	838	96	2029	2.42
合计	5031	511	31 671	6.30

五、企业应用技术成果转移转化情况

1. 应用状态

2022 年，全国登记的应用技术成果中，由企业完成的应用技术成果共计 49 403 项。其中，产业化应用的应用技术成果 26 700 项，占企业应用技术成果总量的 54.05%，这一比例明显高于整体应用技术成果中产业化应用的占比（45.35%）。小批量或小范围应用的应用技术成果数量、试用的应用技术成果数量分别占企业应用技术成果总量的 29.04% 和 7.69%。未应用的应用技术成果 4460 项，占比为 9.03%。应用后停用的应用技术成果 96 项，占比为 0.19%（图 4–16）。

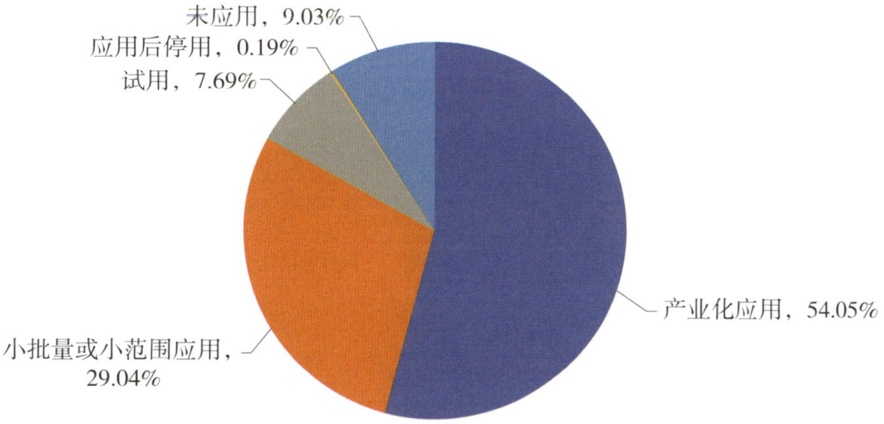

图 4–16　2022 年企业应用技术成果应用状态分布

2. 转化方式

2022 年，由企业完成的财政资助应用技术成果转化的主要方式是自我转化，各类财政资助来源的占比均超过 65%。其中，地方计划的应用技术成果实现自我转化的比例高达 91.74%。合作转化占比的平均值为 8.50%。技术许可占比的平均值最低（表 4–16）。

表 4–16　2022 年企业财政资助应用技术成果的转化方式

课题来源	自我转化	合作转化	技术转让	技术许可	技术作价投资	合作开发	技术服务	其他
国家科技计划	67.28%	16.29%	3.81%	0.00%	0.15%	4.87%	6.54%	1.07%
部门计划	89.11%	3.42%	2.70%	0.00%	0.21%	1.45%	3.01%	0.10%
地方计划	91.74%	3.52%	0.98%	0.05%	0.10%	1.46%	2.09%	0.05%
部门基金	65.52%	10.34%	6.90%	0.00%	3.45%	10.34%	3.45%	0.00%
地方基金	71.43%	8.93%	10.71%	0.00%	0.00%	3.57%	3.57%	1.79%

2022 年，非财政资助的应用技术成果转化方式中，以自选课题应用技术成果的自我转化最为突出，占比高达 95.02%。民间基金应用技术成果中，除自我转化与合作开发方式外，其他方式的占比均为 0.00%（表 4–17）。

表 4–17　2022 年企业非财政资助应用技术成果的转化方式

课题来源	自我转化	合作转化	技术转让	技术许可	技术作价投资	合作开发	技术服务	其他
国际合作	66.67%	33.33%	0.00%	0.00%	0.00%	0.00%	0.00%	0.00%
横向委托	47.77%	21.88%	4.46%	0.00%	0.45%	10.27%	15.18%	0.00%
民间基金	88.89%	0.00%	0.00%	0.00%	0.00%	11.11%	0.00%	0.00%
自选	95.02%	2.07%	1.29%	0.06%	0.04%	0.58%	0.84%	0.11%
其他	80.34%	9.24%	2.73%	0.26%	0.13%	2.47%	4.04%	0.78%

3. 转移转化效益

2022 年，企业完成的应用技术成果中，获得经济效益的应用技术成果 32 732 项，占企业完成的应用技术成果的 66.26%。已转化成果 21 343 项，占企业完成的应用技术成果的 43.20%。企业完成的 32 732 项获得经济效益的应用技术成果中，自我转化形成的累积总收入约为 30 331.53 亿元；合作转化收入约为 3131.96 亿元；技术转让收入约为 43.18 亿元，其中，知识产权转让收入约为 23.15 亿元；技术许可收入约为 0.62 亿元，其中，知识产权许可收入约为 0.16 亿元；技术作价投资收入约为 3.79 亿元，其中，技术入股股权折价收入约为 3.74 亿元（表 4–18）。

表 4–18　2022 年企业应用技术成果转移转化收入情况

项目名称	企业
获得经济效益成果数（项）	32 732
自我转化效益：收入（万元）	303 315 305
净利润（万元）	49 190 520
实交税金（万元）	16 058 596
出口创汇（万元）	10 360 981
节约资金（万元）	14 657 939
合作转化收入（万元）	31 319 632
技术转让收入（万元）	431 834
其中：知识产权转让收入（万元）	231 471
技术许可收入（万元）	6177
其中：知识产权许可收入（万元）	1557
技术作价投资收入（万元）	37 911
其中：技术入股股权折价收入（万元）	37 411

4. 技术转让与许可收入

2022 年，在登记到国家科技成果库的应用技术成果中，由企业完成的应用技术成果共 49 376 项。其中，财政资助应用技术成果 9282 项，占比为 18.80%；非财政资助应用技术成果 40 094 项，占比为 81.20%。

2022 年，在 9282 项财政资助应用技术成果中，已转让企业 1264 家，实现技术转让与许可收入约 16.01 亿元，平均每项应用技术成果的技术转让与许可收入为 17.24 万元。其中，国家科技计划平均每项应用技术成果的技术转让与许可收入水平较高。部门基金与地方基金的技术转让与许可收入处于较低水平（表 4–19）。

表 4–19 2022 年企业财政资助应用技术成果应用情况

课题来源	应用技术成果（项）	已转让企业（家）	技术转让与许可收入（万元）	平均每项应用技术成果的技术转让与许可收入（万元）
国家科技计划	866	321	47 365	54.69
部门计划	1242	102	36 878	29.69
地方计划	7057	767	72 361	10.25
部门基金	39	17	1000	25.64
地方基金	78	57	2455	31.47
合计	9282	1264	160 059	17.24

2022 年，在 40 094 项非财政资助应用技术成果中，已转让企业 2948 家，获得技术转让与许可收入约 15.89 亿元，平均每项应用技术成果的技术转让与许可收入为 3.96 万元。其中，自选课题应用技术成果数量最多，约占企业完成的非财政资助应用技术成果的 95.94%，其产业化应用也占各类课题来源的主导地位（表 4–20）。

表 4–20 2022 年企业非财政资助应用技术成果应用情况

课题来源	应用技术成果（项）	已转让企业（家）	技术转让与许可收入（万元）	平均每项应用技术成果的技术转让与许可收入（万元）
国际合作	11	0	0	0.00
横向委托	300	139	13 860	46.20
民间基金	20	0	0	0.00
自选	38 467	2570	126 796	3.30
其他	1296	239	18 293	14.11
合计	40 094	2948	158 949	3.96

第五部分

科技成果完成单位及完成人

一、成果完成单位情况

1. 单位构成

企业是科技成果的主要完成单位。2022 年全国登记的 84 324 项科技成果中，成果完成单位按成果数量由多到少排序依次是企业 49 779 项，占成果总量的 59.03%；大专院校 10 520 项，占成果总量的 12.48%；独立科研机构 9779 项，占成果总量的 11.60%；医疗机构 7139 项，占成果总量的 8.47%（图 5–1）。

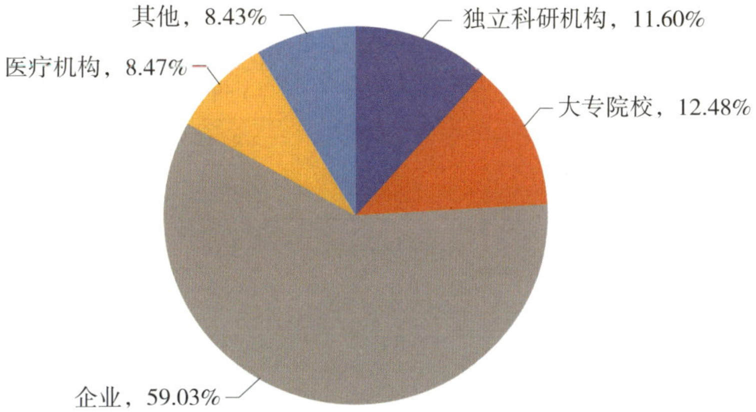

图 5–1　2022 年成果完成单位类型分布

2018—2022 年，企业完成的登记科技成果数量从 28 861 项增加到 49 779 项，增长了 72.48%。科技成果的完成单位类型分布情况基本稳定（表 5–1）。

表 5–1　2018—2022 年各类型成果完成单位的登记科技成果数量

成果完成单位类型	成果数（项）				
	2018 年	2019 年	2020 年	2021 年	2022 年
独立科研机构	9588	9158	9513	9650	9779
大专院校	11 863	10 567	11 782	11 216	10 520
企业	28 861	35 511	40 642	42 266	49 779
医疗机构	7694	7585	8391	8473	7139
其他	7714	5741	6193	7050	7107
合计	65 720	68 562	76 521	78 655	84 324

2. 各类型成果完成单位应用技术成果行业分布

2022年，各类型成果完成单位的应用技术成果所属行业中，独立科研机构侧重于农、林、牧、渔业，科学研究和技术服务业，以及制造业，占比分别为47.66%、16.58%和13.79%；大专院校侧重于制造业，农、林、牧、渔业，以及卫生和社会工作，占比分别为20.58%、19.42%和11.98%；企业侧重于制造业，占比为56.33%；医疗机构以卫生和社会工作为主，占比为92.67%（表5–2）。

表5–2　2022年各类型成果完成单位应用技术成果行业分布

应用行业	独立科研机构	大专院校	企业	医疗机构	其他
农、林、牧、渔业	47.66%	19.42%	6.93%	0.04%	23.06%
采矿业	0.99%	3.72%	2.33%	0.00%	0.90%
制造业	13.79%	20.58%	56.33%	5.15%	2.83%
电力、热力、燃气及水的生产和供应业	1.99%	3.81%	4.34%	0.02%	0.87%
建筑业	1.50%	5.35%	5.79%	0.10%	1.59%
批发和零售业	0.11%	0.10%	0.52%	0.02%	0.00%
交通运输、仓储和邮政业	1.50%	3.90%	2.75%	0.02%	1.81%
住宿和餐饮业	0.09%	0.21%	0.22%	0.00%	0.05%
信息传输、软件和信息技术服务业	4.83%	11.85%	10.61%	0.15%	5.30%
金融业	0.01%	0.02%	0.49%	0.00%	0.30%
房地产业	0.05%	0.07%	0.14%	0.02%	0.02%
租赁和商务服务业	0.09%	0.07%	0.07%	0.00%	0.03%
科学研究和技术服务业	16.58%	9.46%	3.46%	1.38%	49.44%
水利、环境和公共设施管理业	5.12%	5.01%	3.16%	0.02%	4.46%
居民服务、修理和其他服务业	0.22%	0.80%	0.37%	0.00%	0.19%
教育	0.12%	1.02%	0.24%	0.17%	0.44%
卫生和社会工作	3.05%	11.98%	1.49%	92.67%	4.65%
文化、体育和娱乐业	0.24%	0.69%	0.35%	0.15%	0.75%
公共管理、社会保障和社会组织	2.03%	1.92%	0.42%	0.10%	3.30%
国际组织	0.03%	0.03%	0.01%	0.00%	0.00%
合计	100.00%	100.00%	100.00%	100.00%	100.00%

3. 各类型成果完成单位应用技术成果高新技术领域分布

2022 年，各类型成果完成单位应用技术成果的高新技术领域分布较为分散。独立科研机构应用技术成果分布领域主要为现代农业领域，占比为 48.29%；大专院校应用技术成果主要分布于现代农业和电子信息领域，占比分别为 18.71% 和 18.52%；企业应用技术成果以先进制造领域最为突出，占比达到 35.43%；医疗机构应用技术成果主要集中在生物医药与医疗器械领域，占比达到 95.90%（表 5–3）。

表 5–3　2022 年各类型成果完成单位应用技术成果高新技术领域分布

高新技术领域	独立科研机构	大专院校	企业	医疗机构	其他
电子信息	10.22%	18.52%	18.32%	2.42%	20.86%
先进制造	9.62%	12.22%	35.43%	0.48%	5.66%
航空航天	1.37%	1.72%	1.00%	0.00%	0.71%
现代交通	1.59%	3.57%	2.22%	0.07%	1.68%
生物医药与医疗器械	5.75%	13.68%	5.97%	95.90%	8.67%
新材料	6.30%	10.93%	17.36%	0.84%	2.76%
新能源与节能	4.08%	7.40%	7.08%	0.07%	2.60%
环境保护	8.52%	9.03%	5.35%	0.07%	9.34%
地球、空间与海洋	3.66%	4.02%	0.91%	0.04%	12.90%
核应用技术	0.61%	0.19%	0.26%	0.07%	0.21%
现代农业	48.29%	18.71%	6.09%	0.04%	34.60%
合计	100.00%	100.00%	100.00%	100.00%	100.00%

二、成果完成人情况

2022 年全国登记的科技成果共涉及完成人 540 821 人次，比上年增长 2.62%。2018—2022 年，成果完成人总人次呈现上升态势，2022 年达到 5 年来最高水平（图 5-2）。

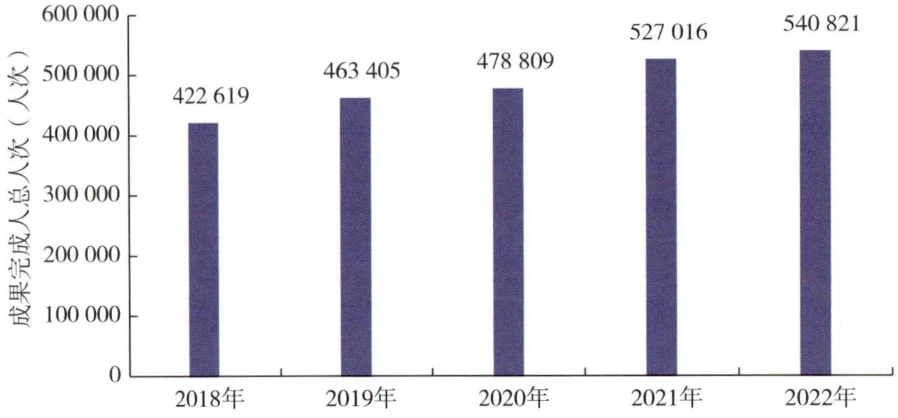

图 5-2　2018—2022 年成果完成人总人次

企业成果完成人是科学技术研究开发的主体。从单位类型看，2022 年企业成果完成人为 272 548 人次，占总人次的 50.40%；独立科研机构成果完成人为 84 025 人次，占比为 15.54%；大专院校和医疗机构成果完成人分别为 76 334 人次和 55 352 人次，分别占 14.11% 和 10.23%（图 5-3）。

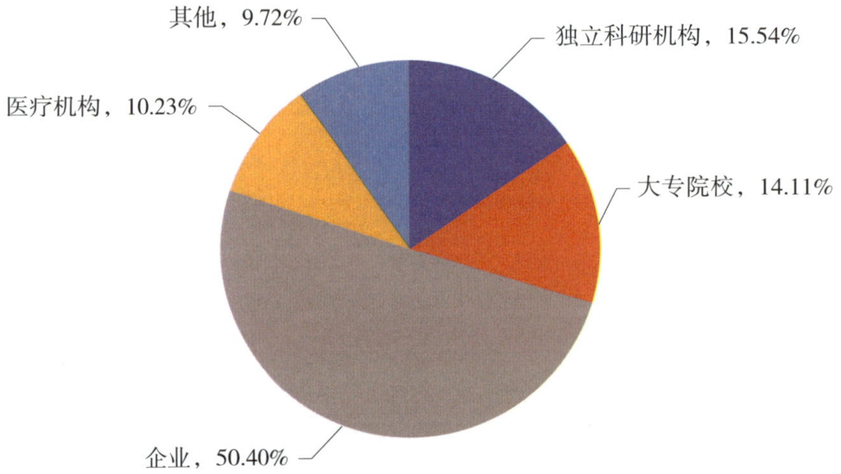

图 5-3　2022 年不同类型单位的成果完成人数量分布

1. 年龄结构

2022 年，成果完成人中，55 岁及以下的人员共计 491 302 人次，占总人次的 90.84%。其中，36 ~ 45 岁的成果完成人是科技成果研发的主力军（图 5-4）。

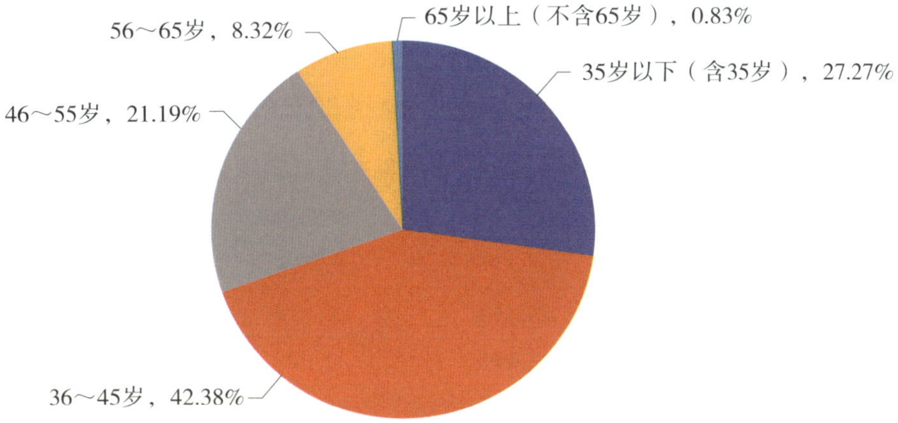

图 5-4　2022 年成果完成人年龄分布

2. 学历构成

2022 年，成果完成人中，博士研究生为 99 317 人次，占总人次的 18.36%；硕士研究生为 156 806 人次，占总人次的 28.99%；大学本科为 215 781 人次，占总人次的 39.90%；本科以下学历人员占比不高，与上年基本持平（图 5-5）。

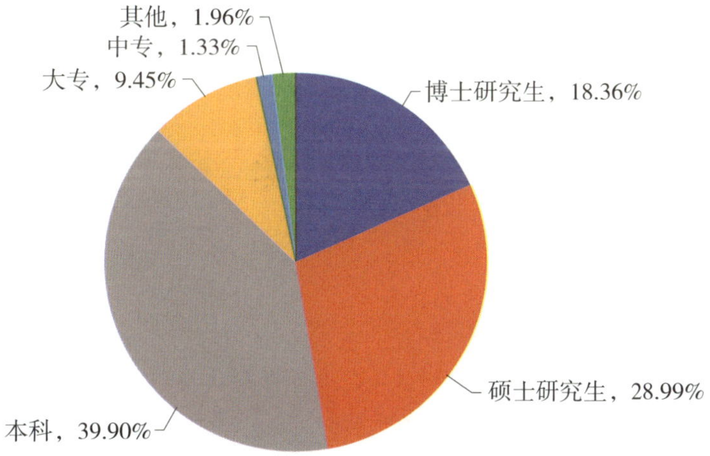

图 5-5　2022 年成果完成人学历分布

3. 职称构成

2018—2022 年，具有正高级、副高级、中级职称的成果完成人保持较高比例。2022 年，成果完成人中，具有正高级、副高级职称的人员共计 216 750 人次（其中院士为 626 人次），占总人次的 40.08%；具有中级职称的人员 160 434 人次，占总人次的 29.66%。

2018—2022 年，成果完成人的职称分布情况变化不大，具备正高级、副高级、中级职称的成果完成人占比略有下降，从 2018 年的 77.89% 下降到 2022 年的 69.74%（表 5-4）。

表 5-4　2018—2022 年成果完成人职称分布

职称	2018 年	2019 年	2020 年	2021 年	2022 年
正高	19.60%	15.23%	15.75%	15.70%	15.15%
副高	25.18%	24.83%	24.92%	25.15%	24.93%
中级	33.11%	33.49%	32.19%	31.41%	29.66%
初级	10.36%	11.16%	10.82%	10.48%	10.81%
其他	11.75%	15.29%	16.32%	17.26%	19.44%

第六部分

附 录

附表 1 2022 年全国科技成果登记汇总

项目名称		合计	独立科研机构	大专院校	企业	医疗机构	其他
基本情况（项）	登记成果数	84 324	9779	10 520	49 779	7139	7107
	其中：鉴定	10 585	503	624	8899	249	310
	验收	25 379	4561	4837	6136	5116	4729
	评审	445	145	101	47	82	70
	行业准入	912	220	72	469	15	136
	评估	750	52	62	342	44	250
	机构评价	27 278	1615	1231	23 496	511	425
	结题	3365	843	1940	47	421	114
	知识产权授权	14 132	1617	1198	9946	452	919
	其他	1478	223	455	397	249	154
	知识产权数	187 139	19 812	27 478	127 764	5504	6581
	其中：发明专利	107 180	12 055	19 804	71 655	1372	2294
	实用新型专利	52 662	4660	4995	39 177	1746	2084
	外观设计专利	2339	131	105	1977	26	100
	软件著作权	16 487	1601	1626	11 679	381	1200
	其他	8471	1365	948	3276	1979	903
	已授权专利	130 879	12 219	20 029	92 771	2420	3440
	制定标准数	826	198	81	290	92	165
	其中：国际标准	9	0	0	7	1	1
	国家标准	142	21	11	83	10	17
	行业标准	128	17	14	36	43	18
	地方标准	363	143	45	25	29	121
	团体标准	18	4	0	6	7	1
	企业标准	166	13	11	133	2	7
成果类型（项）	应用技术成果	74 438	7405	6108	49 403	5222	6300
	基础理论成果	8250	1906	3998	158	1749	439
	软科学成果	1636	468	414	218	168	368

续表

项目名称		合计	独立科研机构	大专院校	企业	医疗机构	其他
课题来源（项）	国家科技计划	6245	1839	2635	888	552	331
	其中：国家自然科学基金	2900	835	1536	88	392	49
	国家科技重大专项	376	82	98	147	25	24
	国家重点研发计划	896	477	195	154	28	42
	技术创新引导专项（基金）	52	9	7	29	3	4
	基地和人才专项	71	12	6	31	22	0
	其他国家科技计划	1950	424	793	439	82	212
	部门计划	5232	888	356	1281	210	2497
	地方计划	18 544	3273	3594	7171	3131	1375
	部门基金	810	106	369	45	148	142
	地方基金	2651	451	1248	109	683	160
	民间基金	29	2	2	20	3	2
	国际合作	58	12	20	11	8	7
	横向委托	757	165	208	307	10	67
	自选	44 986	2309	1760	38 613	885	1419
	其他	5012	734	328	1334	1509	1107
项目投资额（万元）	经费实际投入额	98 306 363	9 215 697	8 070 993	64 724 539	1 134 652	15 160 482
	其中：国家投入	9 728 093	2 129 789	4 540 363	1 649 017	79 000	1 329 924
	部门投入	3 310 903	318 287	453 850	1 729 958	376 755	432 053
	地方投入	19 503 419	2 975 159	737 755	8 554 605	311 548	6 924 352
	基金投入	2 334 944	2 035 566	57 454	86 402	140 441	15 081
	自有资金	48 860 701	620 529	1 247 623	44 539 191	212 032	2 241 326
	银行贷款	1 655 011	3356	51 141	1 539 688	1	60 825
	国外资金	3 328 154	6200	4296	173	4	3 317 481
	其他	9 585 138	1 126 811	978 511	6 625 505	14 871	839 440
完成人文化程度（人次）	博士研究生	99 317	22 788	36 967	22 934	10 422	6206
	硕士研究生	156 806	32 766	25 349	60 365	20 204	18 122
	本科	215 781	24 098	12 688	131 177	23 395	24 423
	大专	51 116	3269	856	42 891	1127	2973
	中专	7213	444	90	6190	87	402
	其他	10 588	660	384	8991	117	436

续表

项目名称		合计	独立科研机构	大专院校	企业	医疗机构	其他
完成人年龄结构（人次）	35 岁以下（含 35 岁）	147 492	19 377	24 797	79 065	11 415	12 838
	36 ～ 45 岁	229 224	37 832	28 967	114 058	25 778	22 589
	46 ～ 55 岁	114 586	17 310	14 704	58 236	12 564	11 772
	56 ～ 65 岁	45 008	8810	7028	19 022	5123	5025
	65 岁以上（不含 65 岁）	4511	696	838	2167	472	338
完成人技术职称（人次）	院士	626	191	157	184	62	32
	正高	81 299	17 613	18 995	25 230	11 814	7647
	副高	134 825	27 197	20 230	56 314	14 728	16 356
	中级	160 434	24 225	16 230	82 127	19 983	17 869
	初级	58 475	6884	3533	36 772	5671	5615
	其他	105 162	7915	17 189	71 921	3094	5043

附表 2　2022 年全国登记应用技术成果汇总

项目名称	合计	独立科研机构	大专院校	企业	医疗机构	其他
成果属性（项）	74 438	7405	6108	49 403	5222	6300
原始性创新	55 954	5827	5050	36 727	3468	4882
国外引进消化吸收创新	2056	334	303	957	303	159
国内技术二次开发	16 428	1244	755	11 719	1451	1259
成果水平（项）	74 438	7405	6108	49 403	5222	6300
国际领先	3097	285	710	1876	140	86
国际先进	4180	452	776	2677	128	147
国内领先	12 242	964	937	8651	1042	648
国内先进	6508	521	443	4312	732	500
国内一般	755	66	59	341	151	138
未评价	47 656	5117	3183	31 546	3029	4781
成果所处阶段（项）	74 438	7405	6108	49 403	5222	6300
初期阶段	18 938	2429	2526	10 466	2157	1360
中期阶段	10 119	1347	1046	6498	629	599
成熟应用阶段	45 381	3629	2536	32 439	2436	4341
高新技术领域（项）	50 244	5272	4254	35 602	2729	2387
电子信息	8415	539	788	6524	66	498
先进制造	13 790	507	520	12 615	13	135
航空航天	517	72	73	355	0	17
现代交通	1067	84	152	789	2	40
生物医药与医疗器械	5835	303	582	2126	2617	207
新材料	7068	332	465	6182	23	66
新能源与节能	3116	215	315	2522	2	62
环境保护	2963	449	384	1905	2	223
地球、空间与海洋	996	193	171	323	1	308
核应用技术	139	32	8	92	2	5
现代农业	6338	2546	796	2169	1	826
成果应用行业（项）	74 438	7405	6108	49 403	5222	6300
农、林、牧、渔业	9593	3529	1186	3423	2	1453

续表

项目名称	合计	独立科研机构	大专院校	企业	医疗机构	其他
采矿业	1507	73	227	1150	0	57
制造业	30 556	1021	1257	27 831	269	178
电力、热力、燃气及水的生产和供应业	2578	147	233	2142	1	55
建筑业	3402	111	327	2859	5	100
批发和零售业	270	8	6	255	1	0
交通运输、仓储和邮政业	1823	111	238	1359	1	114
住宿和餐饮业	130	7	13	107	0	3
信息传输、软件和信息技术服务业	6666	358	724	5242	8	334
金融业	263	1	1	242	0	19
房地产业	79	4	4	69	1	1
租赁和商务服务业	48	7	4	35	0	2
科学研究和技术服务业	6700	1228	578	1707	72	3115
水利、环境和公共设施管理业	2528	379	306	1561	1	281
居民服务、修理和其他服务业	262	16	49	185	0	12
教育	225	9	62	117	9	28
卫生和社会工作	6826	226	732	736	4839	293
文化、体育和娱乐业	286	18	42	171	8	47
公共管理、社会保障和社会组织	686	150	117	206	5	208
国际组织	10	2	2	6	0	0
成果应用情况（项）	74 438	7405	6108	49 403	5222	6300
产业化应用	33 760	2033	1758	26 700	578	2691
小批量或小范围应用	23 502	2836	1549	14 349	2823	1945
试用	7787	1324	1130	3798	887	648
应用后停用	138	21	10	96	5	6
未应用	9251	1191	1661	4460	929	1010
未应用或应用后停用原因（项）						
资金问题	1928	232	475	968	149	104
技术问题	1516	200	379	645	239	53
市场问题	1437	185	235	922	55	40

续表

项目名称	合计	独立科研机构	大专院校	企业	医疗机构	其他
管理问题	1616	162	213	1115	78	48
其他因素	2240	402	354	865	406	213
已转化成果数	23 350	955	670	21 343	100	282
成果应用效果（项）	54 877	4574	3735	42 718	1657	2193
落后技术、工艺、装备的替代	27 774	1879	1174	23 377	513	831
进口替代	2673	210	286	2084	30	63
填补国内空白	10 719	1287	1248	6902	603	679
降低成本	13 711	1198	1027	10 355	511	620
成果转移途径（项）	35 181	2621	1753	28 826	926	1055
协议定价	24 337	1820	1225	20 403	370	519
挂牌交易	296	33	47	198	6	12
技术拍卖	373	61	60	216	26	10
其他方式	10 175	707	421	8009	524	514
成果转化政府支持（项）	19 952	1475	1288	15 664	719	806
纳入政府计划	1344	146	126	901	71	100
进入政府采购	463	56	40	325	11	31
得到转化财政经费支持	2857	174	122	2451	44	66
享受政府税收优惠	4428	233	193	3934	19	49
军民融合	259	32	43	168	7	9
没有支持	10 601	834	764	7885	567	551
本单位转化政策支持（项）	30 047	2475	2141	23 229	1125	1077
设立转化机构	3529	344	389	2624	90	82
纳入绩效考评	11 330	816	739	9136	334	305
与职称评定挂钩	5489	493	416	3951	314	315
与个人收入分配挂钩	6726	566	362	5550	109	139
未设立转化机构	1553	138	103	1072	132	108
未出台转化政策	1420	118	132	896	146	128
奖励和报酬（项）	38 145	2691	1681	31 503	1129	1141
未实施转化收益奖励和报酬	9981	1250	932	6200	833	766
未完全实施转化收益奖励和报酬	11 719	633	376	10 328	165	217

续表

项目名称	合计	独立科研机构	大专院校	企业	医疗机构	其他
完全实施转化收益奖励和报酬	16 445	808	373	14 975	131	158
经济效益（项）						
获得经济效益成果数	36 940	1960	1160	32 732	421	667
自我转化收益（万元）						
收入	347 569 544	18 182 455	21 851 436	303 315 305	754 795	3 465 553
净利润	58 201 517	3 082 841	5 225 185	49 190 520	96 659	606 312
实交税金	18 959 590	144 007	2 671 690	16 058 596	53 996	31 301
出口创汇	10 743 786	15 930	364 149	10 360 981	436	2290
节约资金	18 602 143	591 545	1 890 384	14 657 939	47 874	1 414 401
合作转化收入（万元）	67 691 243	6 165 466	27 399 483	31 319 632	56 111	2 750 551
技术转让收入（万元）	1 823 613	1 100 028	126 632	431 834	31 574	133 545
其中：知识产权转让收入	1 433 437	1 064 789	95 700	231 471	7833	33 644
技术许可收入（万元）	44 800	13 596	4341	6177	5	20 681
其中：知识产权许可收入	8233	3001	3660	1557	5	10
技术作价投资收入（万元）	81 593	6920	29 033	37 911	20	7709
其中：技术入股股权折价收入	78 473	6820	26 513	37 411	20	7709

附表 3　2021—2022 年部门、行业协会、中央企业等登记科技成果统计

单位：项

序号	部门	总数		基础理论成果		应用技术成果		软科学成果	
		2021 年	2022 年	2021 年	2022 年	2021 年	2022 年	2021 年	2022 年
1	工业和信息化部	48	54	1	0	46	53	1	1
2	公安部	286	279	0	0	233	228	53	51
3	自然资源部	1152	821	242	90	774	594	136	137
4	生态环境部	3	12	1	2	2	10	0	0
5	交通运输部	59	70	1	0	43	56	15	14
6	水利部	43	—	4	—	36	—	3	—
7	农业农村部	25	32	0	1	25	31	0	0
8	海关总署	—	223	—	0	—	196	—	27
9	中国人民银行	263	243	0	0	243	228	20	15
10	国家市场监督管理总局	299	269	14	12	272	243	13	14
11	应急管理部	72	93	3	0	68	87	1	6
12	中国科学院	970	1066	554	631	385	355	31	80
13	中国地震局	22	19	3	2	19	14	0	3
14	中国气象局	784	717	55	82	720	627	9	8
15	国家粮食和物资储备局	15	50	2	11	13	38	0	1
16	国家烟草专卖局	57	36	0	0	57	36	0	0
17	中国民用航空局	35	39	0	0	35	39	0	0
18	国家中医药管理局	164	267	72	155	75	95	17	17
19	国家药品监督管理局	407	—	39	—	324	—	44	—
20	中华全国供销合作总社	33	37	1	3	30	33	2	1
21	中国机械工业联合会	32	37	0	1	32	36	0	0
22	中国轻工业联合会	195	211	0	0	195	211	0	0
23	中国有色金属工业协会	245	160	0	0	245	160	0	0
24	中国石油天然气集团有限公司	1593	1533	309	0	1200	1533	84	0
25	中国石油化工集团有限公司	199	201	0	0	199	201	0	0
26	中国电机工程学会	477	466	0	0	477	458	0	8
27	中国建筑集团有限公司	134	168	0	1	134	167	0	0
28	中国中钢集团有限公司	44	38	2	0	40	38	2	0
29	中国中化控股有限责任公司	38	58	0	0	37	54	1	4

续表

序号	部门	总数		基础理论成果		应用技术成果		软科学成果	
		2021 年	2022 年	2021 年	2022 年	2021 年	2022 年	2021 年	2022 年
30	亚太建设科技信息研究院有限公司	1	1	0	0	1	1	0	0
31	中科高技术企业发展评价中心	26	30	0	0	26	30	0	0
32	中国光学工程学会	7	4	0	0	7	4	0	0
33	中国节能协会	43	30	0	0	43	28	0	2
34	中国农学会	25	32	0	1	25	31	0	0
35	中华环保联合会	14	27	1	1	11	24	2	2
36	中国电器工业协会	—	5	—	0	—	5	—	0
合计		7810	7328	1304	993	6072	5944	434	391

附表 4　2021—2022 年地方登记科技成果统计

单位：项

序号	地区	地方	总数		基础理论成果		应用技术成果		软科学成果	
			2021 年	2022 年	2021 年	2022 年	2021 年	2022 年	2021 年	2022 年
1	东部地区	北京市	196	1139	22	202	168	923	6	14
2		广东省	2546	2601	602	605	1779	1787	165	209
3		上海市	849	751	83	68	717	636	49	47
4		江苏省	930	888	173	152	752	731	5	5
5		山东省	2908	3075	716	713	2131	2333	61	29
6		天津市	1972	1703	329	307	1618	1386	25	10
7		浙江省	6434	7065	222	256	6106	6718	106	91
8		河北省	2795	2432	129	110	2621	2287	45	35
9		福建省	156	146	8	9	133	129	15	8
10		海南省	163	169	36	76	126	93	1	0
11		辽宁省	6	24	0	0	6	24	0	0
12		深圳市	229	—	4	—	224	—	1	—
13		大连市	180	236	10	8	168	222	2	6
14		青岛市	409	405	126	117	281	285	2	3
15		宁波市	1036	900	430	269	566	600	40	31
16		厦门市	351	272	42	19	309	253	0	0
17		广州市	927	904	321	254	586	622	20	28
18		济南市	158	316	10	1	147	311	1	4
		小计	22 245	23 026	3263	3166	18 438	19 340	544	520
19	中部地区	湖北省	2096	2247	70	73	1983	2146	43	28
20		安徽省	17 755	23 049	67	81	17 584	22 874	104	94
21		湖南省	929	1086	28	5	876	1065	25	16
22		山西省	1320	1339	179	427	977	821	164	91
23		河南省	2992	2409	207	106	2747	2265	38	38
24		江西省	1218	1705	190	265	1028	1440	0	0
25		吉林省	657	350	35	9	596	323	26	18
26		黑龙江省	1864	1100	625	319	1198	750	41	31
27		长春市	25	8	1	0	24	8	0	0
28		哈尔滨市	114	14	23	0	89	13	2	1
		小计	28 970	33 307	1425	1285	27 102	31 705	443	317

续表

序号	地区	地方	总数		基础理论成果		应用技术成果		软科学成果	
			2021 年	2022 年	2021 年	2022 年	2021 年	2022 年	2021 年	2022 年
29	西部地区	陕西省	3015	3505	269	369	2694	3010	52	126
30		四川省	2338	2754	479	554	1828	2164	31	36
31		重庆市	1485	1918	27	63	1413	1781	45	74
32		甘肃省	1618	1851	456	618	1140	1188	22	45
33		贵州省	199	193	63	42	135	146	1	5
34		云南省	598	447	23	19	560	422	15	6
35		青海省	898	547	235	137	635	393	28	17
36		广西壮族自治区	7014	6715	605	490	6402	6218	7	7
37		内蒙古自治区	1062	1148	304	226	748	912	10	10
38		宁夏回族自治区	628	802	166	118	442	628	20	56
39		新疆维吾尔自治区	400	490	85	131	305	340	10	19
40		新疆生产建设兵团	71	100	2	17	69	78	0	5
41		西藏自治区	7	5	0	2	7	3	0	0
42		西安市	297	188	85	20	209	166	3	2
		小计	19 630	20 663	2799	2806	16 587	17 449	244	408
合计			70 845	76 996	7487	7257	62 127	68 494	1231	1245

附表 5　2021—2022 年全国登记科技成果课题来源分布

单位：项

课题来源	全国登记合计		其中：地方登记		其中：部门登记	
	2021 年	2022 年	2021 年	2022 年	2021 年	2022 年
国家科技计划	6028	6245	4452	4734	1576	1511
其中：国家自然科学基金	2923	2900	2285	2263	638	637
国家科技重大专项	287	376	201	326	86	50
国家重点研发计划	558	896	260	481	298	415
技术创新引导专项（基金）	43	52	39	49	4	3
基地和人才专项	12	71	6	47	6	24
其他国家科技计划	2205	1950	1661	1568	544	382
部门计划	5329	5232	2479	2610	2850	2622
地方计划	18 446	18 544	17 808	18 050	638	494
部门基金	668	810	531	719	137	91
地方基金	2853	2651	2633	2508	220	143
民间基金	72	29	66	28	6	1
国际合作	73	58	60	51	13	7
横向委托	710	757	496	571	214	186
自选	38 004	44 986	36 693	43 796	1311	1190
其他	6472	5012	5627	3929	845	1083

附表 6 2022 年东、中、西部地区登记科技成果课题来源比例分布

课题来源	东部地区	中部地区	西部地区
国家科技计划	10.56%	2.59%	6.98%
其中：国家自然科学基金	5.36%	1.50%	2.56%
国家科技重大专项	1.11%	0.11%	0.15%
国家重点研发计划	1.14%	0.38%	0.45%
技术创新引导专项（基金）	0.05%	0.04%	0.12%
基地和人才专项	0.13%	0.04%	0.02%
其他国家科技计划	2.76%	0.51%	3.68%
部门计划	6.29%	1.58%	3.08%
地方计划	38.31%	7.71%	32.24%
部门基金	1.39%	0.41%	1.27%
地方基金	4.73%	2.50%	2.84%
民间基金	0.03%	0.03%	0.05%
国际合作	0.07%	0.06%	0.08%
横向委托	1.16%	0.55%	0.59%
自选	25.77%	82.82%	49.75%
其他	11.69%	1.77%	3.14%
合计	100.00%	100.00%	100.00%

附表 7　2022 年主要经济地带登记科技成果课题来源比例分布

课题来源	京津冀地区	长三角地区	珠三角地区	东北地区
国家科技计划	14.79%	7.28%	3.11%	7.33%
其中：国家自然科学基金	6.79%	3.30%	1.60%	2.77%
国家科技重大专项	1.88%	1.29%	0.17%	0.69%
国家重点研发计划	3.01%	0.31%	0.00%	1.96%
技术创新引导专项（基金）	0.08%	0.02%	0.00%	0.06%
基地和人才专项	0.11%	0.03%	0.00%	0.06%
其他国家科技计划	2.92%	2.32%	1.34%	1.79%
部门计划	5.84%	8.60%	3.00%	6.24%
地方计划	10.03%	44.98%	68.79%	42.55%
部门基金	1.35%	1.87%	0.54%	1.39%
地方基金	3.98%	4.74%	1.00%	21.65%
民间基金	0.00%	0.05%	0.03%	0.12%
国际合作	0.13%	0.08%	0.00%	0.12%
横向委托	1.10%	1.30%	0.68%	1.27%
自选	24.14%	27.46%	19.14%	15.99%
其他	38.64%	3.63%	3.71%	3.35%
合计	100.00%	100.00%	100.00%	100.00%

附表 8　2021—2022 年东、中、西部地区登记高新技术成果比例分布

高新技术领域		东部地区		中部地区		西部地区	
		2021 年	2022 年	2021 年	2022 年	2021 年	2022 年
自然、生态、环境领域	生物医药与医疗器械	16.39%	14.25%	10.99%	8.78%	15.03%	13.71%
	新能源与节能	6.25%	6.47%	3.90%	5.85%	4.73%	5.11%
	环境保护	5.71%	5.74%	4.24%	5.00%	6.02%	6.55%
	地球、空间与海洋	2.89%	3.01%	0.82%	0.73%	1.43%	1.49%
	小计	31.24%	29.47%	19.95%	20.37%	27.21%	26.87%
非自然、生态、环境领域	电子信息	10.67%	11.03%	18.82%	18.69%	23.57%	19.13%
	先进制造	25.90%	26.30%	33.15%	34.97%	14.32%	20.02%
	航空航天	0.31%	0.75%	0.68%	0.96%	0.80%	1.39%
	现代交通	2.28%	2.38%	1.72%	1.79%	1.96%	2.07%
	新材料	18.91%	21.12%	13.87%	13.90%	7.23%	7.68%
	核应用技术	0.21%	0.36%	0.08%	0.12%	0.42%	0.23%
	现代农业	10.49%	8.59%	11.74%	9.22%	24.50%	22.62%
	小计	68.77%	70.53%	80.06%	79.63%	72.80%	73.13%
合计		100.00%	100.00%	100.00%	100.00%	100.00%	100.00%

附表 9　2021—2022 年主要经济地带登记高新技术成果比例分布

高新技术领域		京津冀地区		长三角地区		珠三角地区		东北地区	
		2021 年	2022 年	2021 年	2022 年	2021 年	2022 年	2021 年	2022 年
自然、生态、环境领域	生物医药与医疗器械	14.89%	17.32%	11.93%	9.25%	21.65%	21.09%	37.85%	35.51%
	新能源与节能	10.61%	8.39%	4.36%	5.46%	10.49%	9.01%	2.37%	3.07%
	环境保护	7.33%	6.83%	4.13%	4.38%	8.59%	8.47%	3.66%	3.93%
	地球、空间与海洋	11.37%	10.49%	1.72%	1.63%	2.22%	2.45%	2.22%	1.25%
	小计	44.20%	43.03%	22.14%	20.72%	42.95%	41.01%	46.10%	43.76%
非自然、生态、环境领域	电子信息	14.05%	18.54%	6.90%	7.36%	17.10%	14.65%	8.17%	7.97%
	先进制造	16.79%	11.16%	34.43%	34.38%	13.97%	13.37%	8.17%	13.82%
	航空航天	1.22%	3.52%	0.12%	0.51%	0.16%	0.25%	0.50%	0.58%
	现代交通	3.28%	5.14%	1.46%	0.90%	2.89%	3.61%	4.44%	2.59%
	新材料	4.27%	8.32%	27.89%	30.36%	10.21%	12.83%	7.10%	4.70%
	核应用技术	0.00%	1.08%	0.18%	0.26%	0.28%	0.25%	0.36%	0.10%
	现代农业	16.18%	9.20%	6.87%	5.51%	12.43%	14.03%	25.16%	26.49%
	小计	55.79%	56.97%	77.85%	79.28%	57.04%	58.99%	53.90%	56.24%
合计		100.00%	100.00%	100.00%	100.00%	100.00%	100.00%	100.00%	100.00%

附表 10　2021—2022 年全国登记高新技术成果比例分布

高新技术领域		全国		地方		部门	
		2021 年	2022 年	2021 年	2022 年	2021 年	2022 年
自然、生态、环境领域	生物医药与医疗器械	13.71%	11.61%	13.87%	11.87%	10.73%	4.69%
	新能源与节能	5.29%	6.20%	4.90%	5.83%	13.06%	16.17%
	环境保护	5.39%	5.90%	5.21%	5.67%	9.00%	11.87%
	地球、空间与海洋	2.17%	1.98%	1.66%	1.65%	12.08%	10.87%
	小计	26.56%	25.69%	25.64%	25.02%	44.87%	43.60%
非自然、生态、环境领域	电子信息	17.85%	16.75%	17.44%	16.47%	25.98%	24.28%
	先进制造	24.97%	27.45%	25.63%	28.01%	11.89%	12.25%
	航空航天	0.60%	1.03%	0.59%	1.02%	0.84%	1.38%
	现代交通	2.01%	2.12%	1.97%	2.05%	2.89%	4.08%
	新材料	13.38%	14.07%	13.71%	14.32%	6.72%	7.23%
	核应用技术	0.26%	0.28%	0.21%	0.22%	1.26%	1.71%
	现代农业	14.36%	12.61%	14.81%	12.88%	5.55%	5.46%
	小计	73.44%	74.31%	74.36%	74.98%	55.13%	56.40%
合计		100.00%	100.00%	100.00%	100.00%	100.00%	100.00%

附表 11　2022 年全国登记科技成果应用情况比例分布

成果分类		产业化应用	应用后停用	未应用	小批量或小范围应用	试用	合计
应用行业	农、林、牧、渔业	37.14%	0.35%	11.39%	37.38%	13.74%	100.00%
	采矿业	55.38%	0.13%	11.35%	26.16%	6.97%	100.00%
	制造业	58.30%	0.22%	10.95%	23.13%	7.41%	100.00%
	电力、热力、燃气及水的生产和供应业	54.68%	0.08%	5.85%	29.77%	9.63%	100.00%
	建筑业	42.62%	0.56%	6.18%	43.18%	7.47%	100.00%
	交通运输、仓储和邮政业	45.68%	0.17%	7.32%	33.54%	13.30%	100.00%
	批发和零售业	61.48%	0.00%	8.89%	27.04%	2.59%	100.00%
	金融业	74.43%	0.38%	0.00%	24.81%	0.38%	100.00%
	房地产业	54.43%	0.00%	12.66%	25.32%	7.59%	100.00%
	信息传输、软件和信息技术服务业	36.69%	0.02%	13.15%	39.92%	10.22%	100.00%
	住宿和餐饮业	36.15%	0.77%	8.46%	47.69%	6.92%	100.00%
	租赁和商务服务业	29.17%	0.00%	8.33%	50.00%	12.50%	100.00%
	科学研究和技术服务业	23.10%	0.02%	18.42%	40.56%	17.91%	100.00%
	水利、环境和公共设施管理业	34.07%	0.04%	10.68%	39.44%	15.77%	100.00%
	居民服务、修理和其他服务业	24.43%	0.38%	20.61%	41.22%	13.36%	100.00%
	教育	25.89%	0.00%	13.84%	38.39%	21.88%	100.00%
	卫生和社会工作	15.90%	0.09%	18.56%	48.24%	17.21%	100.00%
	文化、体育和娱乐业	32.87%	0.00%	12.94%	41.96%	12.24%	100.00%
	公共管理、社会保障和社会组织	20.71%	0.00%	19.22%	42.54%	17.54%	100.00%
	国际组织	60.00%	0.00%	10.00%	10.00%	20.00%	100.00%
高新技术领域	电子信息	41.62%	0.18%	8.34%	38.06%	11.80%	100.00%
	先进制造	59.65%	0.13%	9.86%	23.55%	6.81%	100.00%
	航空航天	40.89%	0.00%	4.65%	41.09%	13.37%	100.00%
	现代交通	40.55%	0.19%	9.35%	37.12%	12.79%	100.00%
	生物医药与医疗器械	29.01%	0.09%	20.02%	38.02%	12.87%	100.00%
	新材料	68.96%	0.06%	7.40%	17.09%	6.50%	100.00%
	新能源与节能	56.13%	0.13%	8.72%	26.66%	8.36%	100.00%
	环境保护	44.11%	0.24%	8.88%	35.39%	11.38%	100.00%
	地球、空间与海洋	35.58%	0.00%	8.64%	43.22%	12.56%	100.00%
	核应用技术	41.30%	0.00%	7.97%	42.03%	8.70%	100.00%
	现代农业	38.15%	0.06%	10.94%	36.62%	14.23%	100.00%

续表

成果分类		产业化应用	应用后停用	未应用	小批量或小范围应用	试用	合计
成果完成单位类型	独立科研机构	27.45%	0.28%	16.08%	38.30%	17.88%	100.00%
	大专院校	28.78%	0.16%	27.19%	25.36%	18.50%	100.00%
	企业	54.05%	0.19%	9.03%	29.04%	7.69%	100.00%
	其中：国有企业	54.38%	0.10%	4.47%	34.40%	6.65%	100.00%
	集体企业	35.00%	0.00%	7.50%	40.00%	17.50%	100.00%
	股份合作企业	65.24%	0.00%	4.88%	25.61%	4.27%	100.00%
	联营企业	57.89%	0.00%	0.00%	42.11%	0.00%	100.00%
	有限责任公司	52.04%	0.20%	10.56%	30.13%	7.07%	100.00%
	股份有限公司	66.75%	0.48%	4.77%	20.04%	7.96%	100.00%
	私营企业	51.57%	0.13%	11.87%	27.38%	9.06%	100.00%
	个体经济	33.56%	0.00%	3.42%	24.66%	38.36%	100.00%
	港、澳、台商投资企业	68.09%	0.43%	8.51%	17.45%	5.53%	100.00%
	外商投资企业	62.69%	0.00%	14.93%	9.70%	12.69%	100.00%
	其他企业	52.19%	0.00%	8.63%	28.82%	10.36%	100.00%
	医疗机构	11.07%	0.10%	17.79%	54.06%	16.99%	100.00%
	其他	42.71%	0.10%	16.03%	30.87%	10.29%	100.00%

附表 12　2022 年全国登记科技成果未应用或应用后停用影响因素比例分布

成果分类		资金问题	技术问题	市场问题	管理问题	其他因素	合计
应用行业	农、林、牧、渔业	26.75%	13.47%	16.28%	10.29%	33.21%	100.00%
	采矿业	30.57%	17.20%	23.57%	8.28%	20.38%	100.00%
	制造业	20.89%	14.55%	22.63%	25.98%	15.95%	100.00%
	电力、热力、燃气及水的生产和供应业	22.38%	11.89%	17.48%	16.08%	32.17%	100.00%
	建筑业	24.77%	20.56%	19.16%	19.63%	15.89%	100.00%
	交通运输、仓储和邮政业	17.36%	24.79%	23.97%	7.44%	26.45%	100.00%
	批发和零售业	8.33%	0.00%	4.17%	50.00%	37.50%	100.00%
	金融业	0.00%	0.00%	0.00%	0.00%	0.00%	0.00%
	房地产业	30.00%	0.00%	10.00%	60.00%	0.00%	100.00%
	信息传输、软件和信息技术服务业	19.59%	17.07%	13.94%	31.49%	17.91%	100.00%
	住宿和餐饮业	41.67%	8.33%	33.33%	8.33%	8.33%	100.00%
	租赁和商务服务业	50.00%	0.00%	0.00%	0.00%	50.00%	100.00%
	科学研究和技术服务业	27.40%	32.52%	14.85%	10.24%	14.98%	100.00%
	水利、环境和公共设施管理业	39.13%	15.42%	8.30%	9.09%	28.06%	100.00%
	居民服务、修理和其他服务业	20.00%	40.00%	14.55%	20.00%	5.45%	100.00%
	教育	43.33%	10.00%	16.67%	20.00%	10.00%	100.00%
	卫生和社会工作	21.30%	26.30%	6.97%	13.01%	32.42%	100.00%
	文化、体育和娱乐业	70.59%	5.88%	17.65%	2.94%	2.94%	100.00%
	公共管理、社会保障和社会组织	28.57%	26.53%	23.47%	11.22%	10.20%	100.00%
	国际组织	100.00%	0.00%	0.00%	0.00%	0.00%	100.00%
高新技术领域	电子信息	23.89%	14.69%	25.67%	10.83%	24.93%	100.00%
	先进制造	20.34%	15.33%	18.42%	31.39%	14.52%	100.00%
	航空航天	28.57%	23.81%	23.81%	4.76%	19.05%	100.00%
	现代交通	19.39%	24.49%	31.63%	4.08%	20.41%	100.00%
	生物医药与医疗器械	18.34%	25.02%	14.36%	11.47%	30.80%	100.00%
	新材料	35.03%	16.83%	14.68%	9.39%	24.07%	100.00%
	新能源与节能	14.07%	20.53%	22.05%	16.73%	26.62%	100.00%
	环境保护	31.13%	11.28%	15.95%	11.67%	29.96%	100.00%
	地球、空间与海洋	33.77%	15.58%	16.88%	10.39%	23.38%	100.00%
	核应用技术	16.67%	16.67%	33.33%	33.33%	0.00%	100.00%
	现代农业	27.23%	10.42%	19.94%	8.04%	34.38%	100.00%

续表

成果分类		资金问题	技术问题	市场问题	管理问题	其他因素	合计
成果完成单位类型	独立科研机构	22.03%	18.99%	17.57%	15.38%	26.02%	100.00%
	大专院校	31.56%	25.18%	15.61%	14.15%	13.49%	100.00%
	企业	21.70%	14.46%	20.67%	25.00%	18.16%	100.00%
	其中：国有企业	14.29%	24.74%	21.25%	13.24%	26.48%	100.00%
	集体企业	0.00%	0.00%	66.67%	33.33%	0.00%	100.00%
	股份合作企业	0.00%	75.00%	25.00%	0.00%	0.00%	100.00%
	联营企业	0.00%	0.00%	0.00%	0.00%	0.00%	0.00%
	有限责任公司	20.22%	10.04%	20.00%	33.35%	16.40%	100.00%
	股份有限公司	25.00%	20.42%	21.13%	9.15%	24.30%	100.00%
	私营企业	29.44%	23.06%	24.02%	11.80%	11.69%	100.00%
	个体经济	100.00%	0.00%	0.00%	0.00%	0.00%	100.00%
	港、澳、台商投资企业	23.81%	38.10%	0.00%	38.10%	0.00%	100.00%
	外商投资企业	0.00%	2.50%	0.00%	10.00%	87.50%	100.00%
	其他企业	6.15%	6.15%	21.54%	0.00%	66.15%	100.00%
	医疗机构	18.72%	30.03%	6.91%	9.80%	34.55%	100.00%
	其他	24.47%	12.47%	9.41%	11.29%	42.35%	100.00%

附表 13　2022 年不同课题来源的科技成果应用情况比例分布

课题来源	产业化应用	应用后停用	未应用	小批量或小范围应用	试用	合计
国家科技计划	53.09%	0.03%	8.90%	28.20%	9.78%	100.00%
国家自然科学基金	44.96%	0.00%	12.79%	29.87%	12.39%	100.00%
国家科技重大专项	75.44%	0.00%	4.39%	16.37%	3.80%	100.00%
国家重点研发计划	48.51%	0.00%	7.82%	31.86%	11.81%	100.00%
技术创新引导专项（基金）	59.46%	0.00%	2.70%	29.73%	8.11%	100.00%
基地和人才专项	35.38%	0.00%	9.23%	41.54%	13.85%	100.00%
其他国家科技计划	56.74%	0.08%	7.82%	27.79%	7.57%	100.00%
部门计划	52.16%	0.15%	5.59%	32.57%	9.54%	100.00%
地方计划	44.02%	0.26%	11.37%	31.28%	13.07%	100.00%
部门基金	28.40%	0.00%	11.93%	42.24%	17.42%	100.00%
地方基金	19.22%	0.18%	31.61%	33.09%	15.90%	100.00%
国际合作	36.11%	0.00%	13.89%	30.56%	19.44%	100.00%
横向委托	53.96%	0.00%	2.88%	33.96%	9.21%	100.00%
民间基金	42.31%	0.00%	11.54%	42.31%	3.85%	100.00%
自选	45.35%	0.20%	12.83%	32.29%	9.33%	100.00%
其他	30.78%	0.12%	8.27%	42.99%	17.83%	100.00%

附表 14 2022 年不同课题来源的科技成果未应用或应用后停用影响因素比例分布

课题来源	资金问题	技术问题	市场问题	管理问题	其他因素	合计
国家科技计划	29.44%	19.05%	17.32%	13.85%	20.35%	100.00%
国家自然科学基金	32.58%	31.46%	14.61%	13.48%	7.87%	100.00%
国家科技重大专项	18.18%	9.09%	0.00%	36.36%	36.36%	100.00%
国家重点研发计划	25.00%	25.00%	25.00%	12.50%	12.50%	100.00%
技术创新引导专项（基金）	0.00%	0.00%	0.00%	100.00%	0.00%	100.00%
基地和人才专项	20.00%	40.00%	0.00%	20.00%	20.00%	100.00%
其他国家科技计划	30.77%	5.49%	20.88%	8.79%	34.07%	100.00%
部门计划	19.15%	20.57%	23.40%	16.31%	20.57%	100.00%
地方计划	22.24%	30.27%	13.51%	12.81%	21.16%	100.00%
部门基金	43.48%	23.91%	13.04%	13.04%	6.52%	100.00%
地方基金	24.39%	34.84%	9.06%	20.56%	11.15%	100.00%
国际合作	33.33%	33.33%	33.33%	0.00%	0.00%	100.00%
横向委托	7.14%	21.43%	14.29%	14.29%	42.86%	100.00%
民间基金	0.00%	33.33%	0.00%	66.67%	0.00%	100.00%
自选	23.32%	13.92%	19.16%	21.81%	21.79%	100.00%
其他	26.11%	26.11%	8.37%	19.21%	20.20%	100.00%

附表 15　2022 年不同课题来源的科技成果转化方式比例分布

课题来源	自我转化	合作转化	技术转让	技术许可	技术作价投资	合作开发	技术服务	其他	合计
国家科技计划	39.56%	20.94%	14.34%	1.44%	0.77%	7.01%	15.21%	0.72%	100.00%
国家自然科学基金	26.20%	25.62%	16.06%	2.87%	0.96%	9.94%	17.97%	0.38%	100.00%
国家科技重大专项	57.21%	18.02%	8.11%	0.00%	0.45%	4.50%	10.36%	1.35%	100.00%
国家重点研发计划	33.51%	17.43%	16.09%	2.14%	1.61%	6.97%	20.11%	2.14%	100.00%
技术创新引导专项（基金）	70.37%	7.41%	14.81%	0.00%	3.70%	0.00%	3.70%	0.00%	100.00%
基地和人才专项	67.74%	3.23%	9.68%	3.23%	0.00%	0.00%	12.90%	3.23%	100.00%
其他国家科技计划	44.30%	21.49%	14.29%	0.52%	0.26%	6.29%	12.84%	0.00%	100.00%
部门计划	69.54%	8.29%	7.10%	0.59%	0.75%	3.66%	9.80%	0.27%	100.00%
地方计划	76.14%	7.57%	5.83%	0.11%	0.66%	3.04%	6.43%	0.21%	100.00%
部门基金	46.64%	15.55%	11.76%	0.42%	0.42%	8.40%	16.39%	0.42%	100.00%
地方基金	45.24%	13.20%	16.50%	1.36%	1.17%	7.38%	14.56%	0.58%	100.00%
国际合作	50.00%	16.67%	8.33%	0.00%	8.33%	0.00%	16.67%	0.00%	100.00%
横向委托	36.14%	24.82%	10.12%	0.00%	0.96%	9.64%	18.31%	0.00%	100.00%
民间基金	88.89%	0.00%	0.00%	0.00%	0.00%	11.11%	0.00%	0.00%	100.00%
自选	92.60%	2.66%	2.30%	0.09%	0.08%	0.74%	1.41%	0.13%	100.00%
其他	67.13%	10.96%	8.40%	0.37%	0.15%	3.36%	8.77%	0.88%	100.00%

附表 16 2022 年不同课题来源的应用技术成果技术转让情况

课题来源	应用技术成果（项）	技术转让与许可收入（万元）	已转让企业（家）	平均每项应用技术成果的技术转让与许可收入（万元）
国家科技计划	3462	187 635	1202	54.20
国家自然科学基金	1008	78 294	328	77.67
国家科技重大专项	342	17 589	96	51.43
国家重点研发计划	706	31 831	220	45.09
技术创新引导专项（基金）	37	101	5	2.73
基地和人才专项	65	400	0	6.15
其他国家科技计划	1304	59 421	553	45.57
部门计划	2780	124 521	588	44.79
地方计划	14 962	109 980	1666	7.35
部门基金	448	5778	49	12.90
地方基金	1090	38 051	148	34.91
国际合作	36	0	0	0.00
横向委托	696	23 326	231	33.51
民间基金	26	60	1	2.31
自选	44 438	149 540	3037	3.37
其他	4465	110 447	424	24.74
合计 / 平均	72 403	749 338	7346	10.35

统计说明

1. 本年度报告数据来源于全国31个省（区、市）和新疆生产建设兵团、9个计划单列市和副省级城市，以及33个国务院有关部门、行业协会、中央企业的科技成果管理部门和机构。

2. 经济领域：农、林、牧、渔业，采矿业，制造业，电力、热力、燃气及水的生产和供应业，建筑业，交通运输、仓储和邮政业，信息传输、软件和信息技术服务业，批发和零售业，住宿和餐饮业，金融业，房地产业，租赁和商务服务业。

3. 社会领域：科学研究和技术服务业，水利、环境和公共设施管理业，居民服务、修理和其他服务业，教育，卫生和社会工作，文化、体育和娱乐业，公共管理、社会保障和社会组织，国际组织。

4. 三大产业：第一产业包括农、林、牧、渔业；第二产业包括采矿业，制造业，电力、热力、燃气及水的生产和供应业，建筑业；第一、第二产业之外的其他行业为第三产业。

5. 东部地区：北京市、天津市、河北省、辽宁省、大连市、上海市、江苏省、浙江省、杭州市、宁波市、福建省、厦门市、山东省、济南市、青岛市、广东省、广州市、深圳市、海南省。

6. 中部地区：山西省、吉林省、长春市、黑龙江省、哈尔滨市、安徽省、江西省、河南省、湖北省、湖南省。

7. 西部地区：重庆市、四川省、贵州省、云南省、广西壮族自治区、西藏自治区、陕西省、西安市、甘肃省、青海省、宁夏回族自治区、内蒙古自治区、新疆维吾尔自治区、新疆生产建设兵团。

8. 主要经济地带：东北地区包括黑龙江省、哈尔滨市、吉林省、长春市、辽宁省、大连市；京津冀地区包括北京市、天津市、河北省；长三角地区包括上海市、江苏省、南京市、浙江省、杭州市、宁波市；珠三角地区包括广东省、广州市、深圳市。

9. 登记科技成果：符合《科技成果登记办法》中规定的登记条件，经省（部）级科技成果管理部门审查、登记的科技成果，包括国家科技计划项目、研究主体自发项目。

10. 科技成果的经费投入：科技成果登记前科研项目所投入的研究、开发、推广、应用等实际资金。

11. 高新技术领域：依照《中国高新技术产品目录》进行分类。

12. 行业：依照《国民经济行业分类》（GB/T 4754—2017）进行分类。

13. 国家科技计划：国家自然科学基金、国家科技重大专项、国家重点研发计划、技术创新引导专项（基金）、基地和人才专项、其他国家科技计划等。

14. 部门计划：列入国务院有关部门的科技计划。

15. 地方计划：列入省、自治区、直辖市、计划单列市、副省级城市的科技计划。

16. 部门基金：国务院各有关部门的自然科学基金等。

17. 地方基金：地方自然科学基金、青年基金、风险基金、智力引进基金等。

18. 未应用或应用后停用的原因："资金问题"包括"没有足够的经费"等原因；"技术问题"包括"成果目前还不具备应用 / 转化条件""缺乏产业配套技术支持"等原因；"市场问题"包括"成果没有应用 / 转化价值""对产业化相关工作及市场不熟悉""市场存在非良性竞争（如仿制、地方保护等）""无合适的合作单位""缺乏良好的转化中介服务"等原因；"管理问题"包括"缺乏后续转化应用的人才队伍""对成果宣传推广力度不足""有关研究人员对转化无兴趣或者无精力开展相关工作""愿意转让技术，但自己进行转化或产业化有困难"等原因；"其他因素"包括"其他"等原因。